山东省水利水电工程设计概（估）算编制办法

山东省水利厅　发布

2022-11-21 发布　　2023-05-01 实施

中国水利水电出版社
www.waterpub.com.cn
·北京·

图书在版编目（CIP）数据

山东省水利水电工程设计概（估）算编制办法 / 山东省水利厅发布. -- 北京 : 中国水利水电出版社, 2023.3
ISBN 978-7-5226-1433-5

Ⅰ. ①山… Ⅱ. ①山… Ⅲ. ①水利水电工程－概算编制－山东 Ⅳ. ①TV512

中国国家版本馆CIP数据核字(2023)第035351号

书　名	**山东省水利水电工程设计概(估)算编制办法** SHANDONG SHENG SHUILI SHUIDIAN GONGCHENG SHEJI GAI(GU)SUAN BIANZHI BANFA
作　者	山东省水利厅　发布
出版发行	中国水利水电出版社 (北京市海淀区玉渊潭南路1号D座　100038) 网址:www.waterpub.com.cn E-mail:sales@mwr.gov.cn 电话:(010)68545888(营销中心)
经　售	北京科水图书销售有限公司 电话:(010)68545874、63202643 全国各地新华书店和相关出版物销售网点
排　版	中国水利水电出版社微机排版中心
印　刷	清淞永业(天津)印刷有限公司
规　格	140mm×203mm　32开本　5.5印张　138千字
版　次	2023年3月第1版　2023年3月第1次印刷
印　数	0001—2600册
定　价	**58.00**元

山东省水利厅文件

鲁水建字〔2022〕69 号

山东省水利厅关于发布山东省水利水电工程预算定额及设计概（估）算编制办法的通知

各市水利（水务）局，厅机关各处室、厅直属各单位，各有关单位：

为加强全省水利工程造价管理，进一步规范水利工程造价计价依据，合理确定和有效控制工程投资，提高资金使用效益，省水利厅组织修编了2022版《山东省水利水电工程设计概（估）算编制办法》《山东省水利水电建筑工程预算定额（上、下册）》《山东省水利水电设备安装工程预算定额》《山东省水利水电工程施工机械台班费定额》，现予以发布，自2023年5月1日起执行。

原《山东省水利厅关于发布山东省水利水电工程预算定额及设计概（估）算编制办法的通知》（鲁水建字〔2015〕3号）发布的2015版《山东省水利水电工程设

计概（估）算编制办法》《山东省水利水电建筑工程预算定额（上、下册）》《山东省水利水电设备安装工程预算定额》《山东省水利水电工程施工机械台班费定额》以及《山东省水利厅关于发布山东省水利水电工程营业税改征增值税计价依据调整办法的通知》（鲁水建字〔2016〕5号）、《山东省水利厅关于调整山东省水利水电工程计价依据增值税计算标准的通知》（鲁水建函字〔2019〕33号）、《山东省水利厅关于调整山东省水利水电工程安全文明生产措施费计算方法的通知》（鲁水建函字〔2021〕27号）等有关通知自执行之日起废止。

此次发布的设计概（估）算编制办法及预算定额由山东省水利厅负责管理并解释，在执行过程中如有问题请及时函告山东省水利厅。

联系人：徐田峰，联系电话：0531－51767138。

山东省水利厅

2022年11月18日

山东省水利厅办公室　　2022年11月21日印发

主编单位 山东省水利厅

编制单位 山东省水利勘测设计院有限公司

主　　编 王祖利

副 主 编 凌九平　张修忠　王锡利　杜珊珊
李贵清　梅泽本

编制人员 刘梅松　梅泽本　周春梅　姜言亮
王俊杰　徐田峰　韩　伟　李　昕
龚　晶　王　帅　于文蓬　张　扬
陈　娜　张书花

参编人员 魏振峰　王　昊　徐　胜　周广科
郭　静　曲英杰　刘　晗　韩鸿雁
刘　帆

咨询专家 尚友明　孙湘琴　王例珊　黄海波
刘　凯　黄　璐　张旭春　纪仁卿
高印军　于梅开

目　　录

总　　则

一、为适应新时期经济社会发展和山东省水利水电工程建设与投资管理的需要，进一步加强造价管理，规范编制依据，提高概（估）算编制质量，合理确定工程投资，根据国家及水利部有关文件精神，结合山东省水利水电工程实际，制定本办法。

二、本办法为工程部分的概（估）算编制办法，与《山东省水利水电建筑工程预算定额》《山东省水利水电设备安装工程预算定额》《山东省水利水电工程施工机械台班费定额》配套使用。

“建设征地移民补偿”“环境保护工程”“水土保持工程”应分别执行相应规定编制投资。

三、本办法适用于工程规划、项目建议书、可行性研究、初步设计等阶段确定水利水电工程投资，是编制和审批水利水电工程设计概（估）算的依据，是对水利水电工程投资实行静态控制、动态管理的基础。

工程项目建设实施阶段，本办法是编制工程招标控制价和施工图预算的指导性标准，也是编制工程标底、投标报价文件的参考标准；施工企业编制投标文件时，可根据项目特点，结合企业生产管理水平和市场情况调整相关费用标准。

四、工程设计概（估）算应根据编制期的价格水平及相关政策进行编制。若工程开工年份的设计方案或价格水平发生较大变化，设计概算可重新编制报批。

五、工程设计概（估）算应由符合资质要求的设计或咨询单位负责编制，校核、审核人员必须具备水利工程注册造价工程师执业资格。

六、本办法适用于山东省各类水利水电工程项目，国家、部委另有规定和要求的从其规定和要求。

七、本办法由山东省水利厅负责管理与解释。

第一篇　设 计 概 算

第一章　工程分类及概算编制依据

第一节　工程分类和工程概算组成

（1）水利水电工程按工程性质划分为枢纽工程和其他水利工程两大类，具体划分如下：

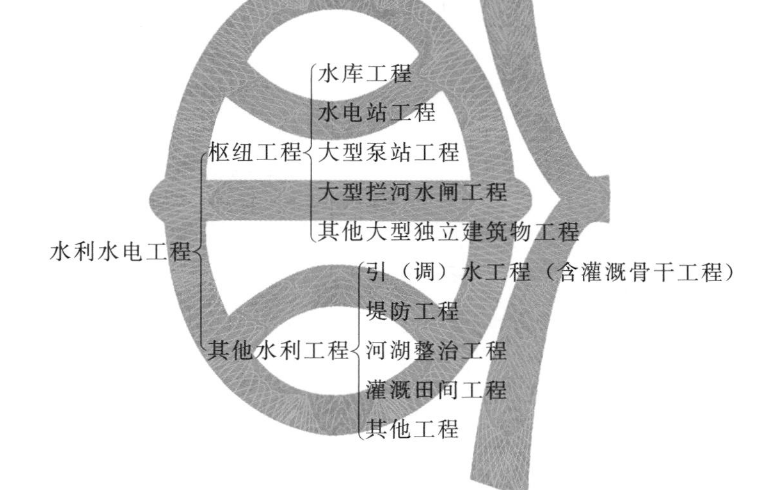

- 水利水电工程
  - 枢纽工程
    - 水库工程
    - 水电站工程
    - 大型泵站工程
    - 大型拦河水闸工程
    - 其他大型独立建筑物工程
  - 其他水利工程
    - 引（调）水工程（含灌溉骨干工程）
    - 堤防工程
    - 河湖整治工程
    - 灌溉田间工程
    - 其他工程

水利水电工程等级划分标准可参见附录1。

（2）水利水电工程概算由工程部分、专项部分组成，其中专项部分由建设征地移民补偿、环境保护工程、水土保持工程及其他专项工程组成。其他专项工程可根据需要计列，如水文设施工程、采用其他行业定额编制的供电设施工程、穿越铁路（公路）等专项工程。具体划分如下：

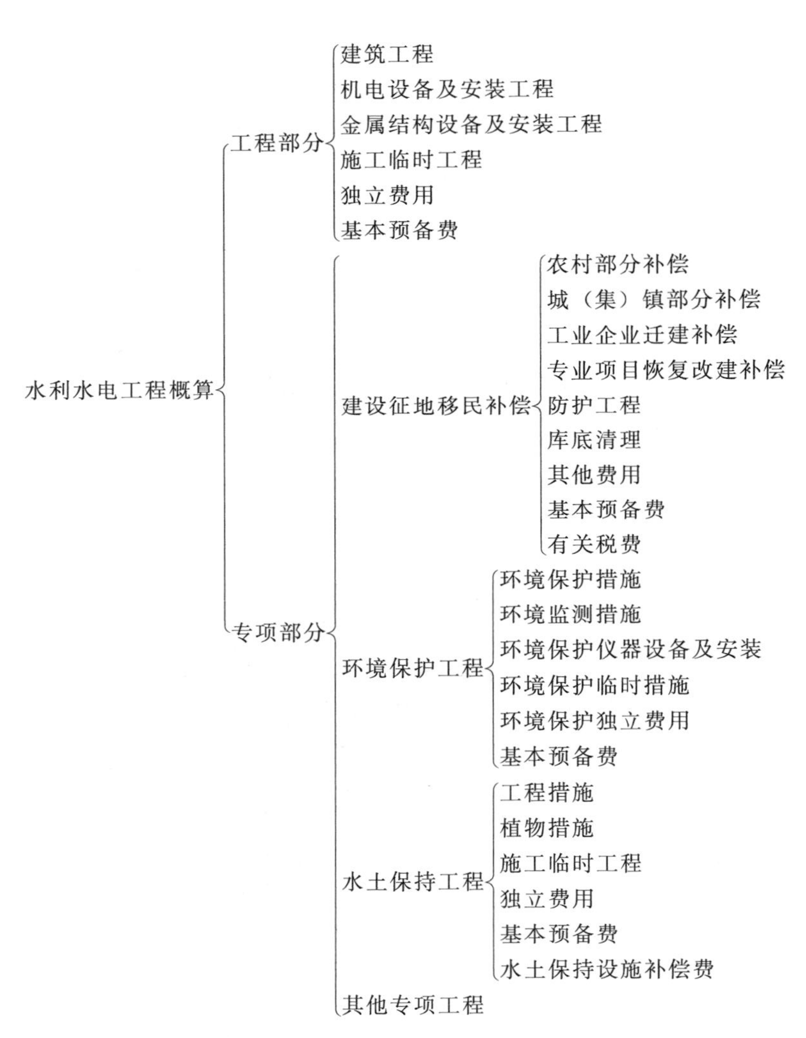

（3）工程部分概算下设一级、二级、三级项目。

（4）本办法主要用于工程部分概算编制，建设征地移民补偿概算、环境保护工程概算、水土保持工程概算以及其他专项工程的概算应按相应行业规定编制，然后将结果汇总到工程总概算中。

第二节　概算文件编制依据

（1）国家及山东省颁发的有关法律法规、规章、规范性文件、技术标准。

（2）山东省水利厅颁发的现行水利水电工程设计概（估）算编制办法。

（3）山东省水利厅颁发的《山东省水利水电建筑工程预算定额》《山东省水利水电设备安装工程预算定额》《山东省水利水电工程施工机械台班费定额》和有关行业主管部门颁发的现行定额。

（4）水利水电工程设计工程量计算规定。

（5）初步设计文件及图纸。

（6）费用计算标准及依据。

（7）有关合同协议及资金筹措方案。

（8）其他。

第二章　概算文件组成内容

概算文件由设计概算正件、设计概算附件及投资变化原因分析说明组成。

设计概算正件、设计概算附件及投资变化原因分析说明可以单独成册，也可以作为初步设计报告的一部分随初步设计文件报审，但内容应完整。

文件格式要求：工程概算总表、总概算表及分年度投资表单位为“万元”，计算结果精确到小数点后两位数；一至五部分概算表中工程合计单位宜为“万元”，计算结果精确到小数点后两位数；基础单价、工程单价单位为“元”，计算结果精确到小数点后两位数；计量单位为 m^3、m^2、m、kg、个、台、套的工程量一般精确到整数位，计量单位为 t、km 的工程量一般精确到小数点后两位数。

第一节　设计概算正件组成内容

一、编制说明

1．工程概况

工程概况包括：流域河系，建设地点，工程任务与规模，工程总布置，主要建设内容，主要工程量，工日数量，主要材料用量，施工总工期等。

2．投资主要指标

投资主要指标包括：工程总投资和静态总投资，工程部分、建设征地移民补偿、环境保护工程、水土保持工程及其他专项工程投资，价差预备费，建设期融资利息等。

3. 编制原则和依据

概算编制采用的工程性质分类、价格水平、主要依据等。

4. 基础单价编制

人工，主要材料，施工用电、水、风，混凝土及砂浆材料，施工机械台班费，细部结构指标等基础单价的计算依据、方法及成果。

5. 工程单价编制

建筑及安装工程单价的计算依据、编制方法、费用标准，定额调整及补充定额情况说明。

6. 各部分概算编制

（1）建筑工程、施工临时工程概算编制方法、费用标准，房屋、交通、供电等主要造价指标采用依据。

（2）设备及安装工程概算编制方法、费用标准，主要造价指标采用依据，主要设备价格计算依据、方法及成果。

（3）独立费用编制方法、费用标准。

7. 总概算编制

（1）基本预备费、价差预备费、建设期融资利息计算编制方法、费用标准。

（2）分年度投资编制方法。

8. 其他说明

概算编制中需要说明的有关问题。

9. 主要技术经济指标

主要技术经济指标包括：单位水库库容投资、单位装机容量投资、单位引水量投资、单位灌溉面积投资、单位长度投资及其他特征指标单位投资。

二、工程概算总表

工程概算总表应汇总工程部分、专项部分投资。

三、工程部分概算表

1. 概算表

（1）总概算表。

（2）建筑工程概算表。

（3）机电设备及安装工程概算表。

（4）金属结构设备及安装工程概算表。

（5）施工临时工程概算表。

（6）独立费用概算表。

（7）分年度投资表。

2. 概算附表

（1）建筑工程单价汇总表。

（2）安装工程单价汇总表。

（3）主要材料预算价格汇总表。

（4）次要材料预算价格汇总表。

（5）施工机械台班费汇总表。

（6）主要工程量汇总表。

（7）工日及主要材料数量汇总表。

第二节　设计概算附件组成内容

（1）主要材料预算价格计算表。

（2）施工用电、水、风预算价格计算书。

（3）混凝土及砂浆材料单价计算表。

（4）建筑工程单价表。

（5）安装工程单价表。

（6）独立费用计算书。

（7）分年度投资计算表。

（8）价差预备费计算书。

（9）建设期融资利息计算书。

（10）确定主要材料及未计价装置性材料、设备预算价格和费用依据的有关文件、询价报价资料及其他相关材料。

第三节　投资变化原因分析说明组成内容

投资变化原因分析应从国家政策调整、价格变动、工程项目和工程量以及征地移民实物量变化等方面进行详细分析，说明初步设计阶段较可行性研究阶段投资变化情况和主要原因。

工程部分投资变化原因分析说明应包括以下附表：

（1）总投资对比表。

（2）主要工程量对比表。

（3）变化的基础单价、主要材料和主要设备价格对比表。

（4）其他相关表格。

投资变化原因分析说明应汇总工程部分、建设征地移民补偿、环境保护工程、水土保持工程及其他专项工程各部分对比分析内容。

第三章　项目组成及划分

第一节　项 目 组 成

第一部分　建 筑 工 程

一、枢纽工程

指水库工程、水电站工程、大型泵站工程、大型拦河水闸工程、其他大型独立建筑物工程。包括挡水工程、泄洪工程、引水工程、发电厂（泵站）工程、升压变电站工程、航运工程、交通工程、房屋建筑工程、供电设施工程、信息化与自动化系统设施工程和其他建筑工程，其中交通工程之前的项目为主体建筑工程。

（1）挡水工程。包括挡水的各类坝（闸）等工程。

（2）泄洪工程。包括溢洪道、泄洪洞、冲砂孔（洞）、放水洞、溢洪闸等工程。

（3）引水工程。包括发电引水明渠、进水口、隧洞、调压井、高压管道等工程。

（4）发电厂（泵站）工程。包括地面、地下各类发电厂（泵站）工程。

（5）升压变电站工程。包括升压变电站、开关站等工程。

（6）航运工程。包括上下游引航道、船闸、升船机等工程。

（7）交通工程。包括上坝、进厂（场）、对外等场内外永久性交通道路、运行管理维护道路、桥梁、码头等工程，不包括列入挡水工程中的坝顶交通工程。

（8）房屋建筑工程。包括办公用房、为生产运行服务的永久性辅助生产用房、值班宿舍及文化福利建筑等房屋建筑工程和室外工程。

1）办公用房包括办公室、会议室等。

2）辅助生产用房包括仓库、资料档案室、防汛调度室等。

3）值班宿舍及文化福利建筑包括值班宿舍、值班室、车库、食堂等。

4）室外工程指办公及生活区域内的道路及地面硬化、围墙、大门等。

（9）供电设施工程。指工程生产运行供电需要架设的输电线路及变配电设施工程。

（10）信息化与自动化系统设施工程。包括信息通信系统、水文自动测报系统、工程安全监测系统等工程。

1）信息通信系统包括对内、对外架设的通信线路及设施等工程。

2）水文自动测报系统包括遥测站、中心站、中继站或集合转发站等水文设施工程，如站房（遥测站站房、中心站站房等）、降水量和蒸发量观测设施、水位和流量观测设施、水量水质观测设施、天线塔、防雷接地等工程。

3）工程安全监测系统包括变形监测、渗流监测、应力应变及温度监测等各项永久安全监测所需建设的安全监测设施等工程。

（11）其他建筑工程。指除上述列项建筑工程以外的其他建筑工程。包括照明线路工程，厂坝（闸、泵站等）区供水、排水、供热等公用设施工程，劳动安全与工业卫生设施，工程管理标准化设施及其他。

1）照明线路工程。指厂坝（闸、泵站等）区照明线路及其设施。

2）供水、排水、供热等公用设施工程。指全厂生产及生活所用供水、排水、供热系统的泵房、水塔、水井等建筑物和管路设施工程。

3）劳动安全与工业卫生设施工程。指用于生产运行期作业场所内为预防、减少、消除和控制危险和有害因素而建设的永久性劳动安全与工业卫生工程设施。主要包括安全标志、安全防护设施、应急设施等。

4）工程管理标准化设施。包括工程管理和保护范围内设置的界桩、界牌，标识标牌（公告类、名称类、警示类、指引类），封闭围栏，水源保护设施，防汛物资以及管理区绿化美化措施等。

二、其他水利工程

指引（调）水工程、堤防工程、河湖整治工程、灌溉田间工程和其他工程。包括引（调）水工程、堤防工程、河湖整治工程、灌溉田间工程、交通工程、房屋建筑工程、供电设施工程、信息化与自动化系统设施工程和其他建筑工程，其中交通工程之前的项目为主体建筑工程。

（1）引（调）水工程。包括渠道（管线）工程和建筑物工程。

1）渠道（管线）工程。包括渠道、管道、排水沟（渠）工程、管线附属小型建筑物（如观测测量设施、调压减压设施、检修设施）等。

2）建筑物工程。指渠系建筑物、交叉建筑物工程，包括泵站、水闸、隧洞、渡槽、倒虹吸、涵洞、跌水、交叉（穿越）建筑物等工程。

（2）堤防工程及河湖整治工程。包括堤防、河湖整治和建筑物工程。

1）堤防、河湖整治工程。包括堤防修建及加固、河道治理、河湖清淤疏浚等工程。

2）建筑物工程。包括泵站、水闸、涵洞、倒虹吸等工程。

（3）灌溉田间工程。包括田间渠（管）道工程和建筑物工程、田间土地平整等工程。

1）渠（管）道工程。包括渠道、管道、排水沟（渠）等工程。

2）建筑物工程。包括泵站、水闸、涵洞、倒虹吸、灌溉机井、田间灌溉塘坝等工程。

（4）交通工程。指永久性对外交通道路、运行管理维护道路等工程。

（5）房屋建筑工程。包括办公用房、为生产运行服务的永久性辅助生产用房、值班宿舍及文化福利建筑等房屋建筑工程和室外工程。相关内容参照枢纽工程。

（6）供电设施工程。指工程生产运行供电需要架设的输电线路及变配电设施工程。

（7）信息化与自动化系统设施工程。包括信息通信系统、水文自动测报系统、工程安全监测系统等工程。相关内容参照枢纽工程。

（8）其他建筑工程。指除上述列项建筑工程以外的其他建筑工程。包括照明线路工程，厂坝（闸、泵站等）区供水、排水、供热等公用设施工程，劳动安全与工业卫生设施，工程管理标准化设施及其他。相关内容参照枢纽工程。

第二部分　机电设备及安装工程

一、枢纽工程

指构成枢纽工程固定资产的全部机电设备及安装工程。包括发电设备及安装工程、升压变电设备及安装工程、信息化与自动化系统设备及安装工程和公用设备及安装工程。大型泵站工程和大型拦河水闸工程的机电设备及安装工程项目组成及划分，参考其他水利工程的泵站设备及安装工程、水闸设备及安装工程。

（1）发电设备及安装工程。包括水轮机、发电机、主阀、起重机、水力机械辅助设备、电气设备等设备及安装工程。

（2）升压变电设备及安装工程。包括主变压器、高压电气设备、一次拉线等设备及安装工程。

（3）信息化与自动化系统设备及安装工程。包括信息通信系统、网络信息安全系统、工程综合信息管理系统、计算机监控系统、工业电视系统、视频监控系统、水文自动测报系统、工程安全监测系统、其他信息化管理系统等设备及安装工程。

（4）公用设备及安装工程。包括通风采暖设备，机修设备，全厂接地及保护网，电梯，坝区馈电设备，照明设施（指除照明线路以外的照明灯具及其他设施），厂坝（闸、泵站等）区供水、排水、供热设备，消防设备，劳动安全与工业卫生设备，交通工具等设备及安装工程。

二、其他水利工程

指构成其他水利工程固定资产的全部机电设备及安装工程。一般包括泵站设备及安装工程、水闸（涵）设备及安装工程、灌溉设备及安装工程、水处理设备及安装工程、供电设备及安装工程、信息化与自动化系统设备及安装工程和公用设备及安装工程。

（1）泵站设备及安装工程。包括水泵、电动机、主阀、起重机、水力机械辅助设备、电气设备等设备及安装工程。

（2）水闸（涵）设备及安装工程。包括电气一次设备、电气二次设备等设备及安装工程。

（3）灌溉设备及安装工程。包括渠首的过滤、施肥、控制调节、计量设备及安装工程和田间灌水设施等设备及安装工程。

(4) 水处理设备及安装工程。包括净水、加（投）药、计量、排泥、加压等设备及安装工程。

(5) 供电设备及安装工程。包括供电、变配电设备及安装工程。

(6) 信息化与自动化系统设备及安装工程。包括信息通信系统、网络信息安全系统、工程综合信息管理系统、计算机监控系统、工业电视系统、视频监控系统、水文自动测报系统、工程安全监测系统、智慧水务系统、其他信息化管理系统等设备及安装工程。

(7) 公用设备及安装工程。包括通风采暖设备，机修设备，全厂接地及保护网，照明设施（指除照明线路以外的照明灯具及其他设施），厂坝（闸、泵站等）区供水、排水、供热设备，消防设备，劳动安全与工业卫生设备，交通工具等设备及安装工程。

第三部分　金属结构设备及安装工程

指构成枢纽工程和其他水利工程固定资产的全部金属结构设备及安装工程。包括闸门、启闭机、拦污设备、升船机等设备及安装工程，水电站、泵站压力钢管制作及安装工程和其他金属结构设备及安装工程。

金属结构设备及安装工程的一级项目应与建筑工程的一级项目相对应。

第四部分　施工临时工程

指为辅助主体工程施工而必须修建的生产和生活大型临时设施工程。包括导流工程、施工交通工程、施工场外供电工程、施工房屋建筑工程、其他施工临时工程、施工专项工程、安全生产措施费、文明施工措施费。

（1）导流工程。包括导流明渠、导流洞、施工围堰及其他导流措施。

（2）施工交通工程。包括施工现场内外为工程建设服务的临时交通工程，如公路、桥梁、施工支洞、码头、转运站等。

（3）施工场外供电工程。包括从现有电网向施工现场供电的10kV及以上等级的高压输电线路和配套的变（配）电设施设备工程（施工单位负责建设的场内施工供电工程除外）。隧洞施工需要敷设的10kV及以上进洞高压电缆可以列项计算投资。

（4）施工房屋建筑工程。指工程在建设过程中建造或租赁的临时房屋，包括施工仓库，办公、生活及文化福利建筑。

1）施工仓库。指为工程施工而兴建的设备、材料、工器具等仓库。

2）办公、生活及文化福利建筑。指施工单位、建设单位、监理单位及设计代表机构在工程建设期建造或租赁的办公室、宿舍、招待所、食堂、其他文化福利设施等房屋建筑工程及室外配套工程。

（5）其他施工临时工程。指除导流、施工交通、施工场外供电、施工房屋建筑以外的施工临时工程。主要包括施工供水系统设施（施工供水水源及干管）、施工供风系统设施（施工供风干管）、混凝土拌和及浇筑系统设施、混凝土预制构件厂、辅助加工厂、大型机械安装拆卸、防汛、防冰、施工排水、施工通信、临时度汛措施等工程。根据工程实际情况可在其他施工临时工程中单独列示施工临时支护（包括隧洞、渡槽与桥梁的临时支撑）、缆机平台、混凝土防渗墙导向槽、大型施工排水措施等项目。

施工排水指基坑排水、河道降水等，包括排水系统工程建设及运行费用。

（6）施工专项工程。包括施工现场标准化建设工程、施工管理信息系统、常态化疫情防控措施费、施工期通航工程、施工期供水工程、施工期影响公路及铁路运行需采取的特殊防护以及其他需要单独计列的专项工程。

1）施工现场标准化建设工程。指除包含在安全生产措施费以外，与施工现场标准化建设有关的工程，包括施工现场围挡建设及美化、驻地建设和工地附近重要路口设置的宣传栏、标识标牌等。施工现场标准化建设应符合“山东省水利厅关于印发《山东省水利工程标准化工地建设指南》的通知”（鲁水建字〔2014〕19号）中的相关内容。

2）施工管理信息系统。指工程建设期间信息化建设需要的软件、设施设备建设和运行，包括建设管理信息系统、智能施工与管理信息系统、临时工程安全监测系统的建设和运行，以及永久安全监测系统的施工期运行（施工期观测与分析）等。为运行管理服务的信息系统相关投资计入永久工程。

3）常态化疫情防控措施费。指在水利水电工程施工现场采取常态化疫情防控措施所发生的直接费用，包括核酸检测、防护用品、消杀用品、测温器具、隔离围挡、宣传展板、专职防控人员等费用。不包括出现疫情事件以及应急处置、封闭管理状态下人员隔离转运、停工等发生的费用。

（7）安全生产措施费。指施工单位对工程施工现场实施安全生产管理，落实安全生产措施，防止和减少施工安全事故，在工程设计已考虑的安全支护措施之外发生的安全生产等相关费用。

包括完善、改造和维护安全防护设施设备支出（不含按照“建设项目安全设施必须与主体工程同时设计、同时施工、同时投入生产和使用”规定要求初期投入的安全设施），含施工现场临时用电系统、洞口或临边防护、高处作业或交叉作业防护、临时安全防护、支护及防治边坡滑坡、工程有害气体监测和通风、保障安全的机械设备、防火、防爆、防触电、防尘、防毒、防雷、防台风、防地质灾害等设施设备支出；应急救援技术装备、设施配置及维护保养支出；事故逃生和紧急避难设施设备的配置和应急救援队伍建设、应急预案制修订与应急演练支出；开展施工现场重大危险源检测、评估、监控支出，安全风险等级管控和事故隐患排查整改支出，工程项目安全生产信息化建设、运维和网络安全支出；安全生产检查、评价评估（不含新建、改建、扩建项目安全评价）、咨询和标准化建设支出；配备和更新现场作业人员安全防护用品支出；安全生产宣传、教育、培训和从业人员发现并报告事故隐患的奖励支出；安全生产适用的新技术、新标准、新工艺、新装备的推广应用支出；安全设施及特种设备检验、检定核准支出；安全生产责任保险支出；与安全生产直接相关的其他支出。

（8）文明施工措施费。指按照国家现行的建筑施工现场环境与卫生标准和有关规定，设置现场宣传牌及围挡、改善作业环境等所需要的费用。

包括“五牌一图”的费用，含工程概况牌、管理人员名单及监督电话牌、消防保卫牌、安全生产牌、文明施工牌及施工现场总平面图；现场围挡建设及美化费用；未列入水土保持设计的密目网覆盖费用；符合场容场貌、材料堆放等相关规定要求采取措施发生的费用；现场卫生清扫和保洁的费用；采取防暑降温、防蚊虫叮咬、职业病预防及保健等措施的费用；工程完工后，就以上措施发生的拆除、清运与恢复费用；现场实际发生的其他文明施工措施费用。

第五部分　独立费用

独立费用由建设管理费、经济技术服务费、工程建设监理费、生产准备费、科研勘测设计费和其他六项组成。

(1) 建设管理费。

(2) 经济技术服务费。

(3) 工程建设监理费。

(4) 生产准备费。包括生产及管理单位提前进厂费、生产职工培训费、管理用具购置费、工器具及生产家具购置费、联合试运转费。

(5) 科研勘测设计费。包括工程科学研究试验费和工程勘测设计费。

(6) 其他。包括工程质量检测费、工程保险费、其他税费。

第二节　项目划分

根据水利水电工程性质，其工程项目分别按枢纽工程和其他水利工程划分，工程各部分下设一级、二级、三级项目。建筑工程项目划分见表3-1，三级项目划分要求及技术经济指标见表3-2，机电设备及安装工程、金属结构设备及安装工程、施工临时工程、独立费用项目划分见表3-3～表3-6。

引（调）水工程可以根据项目具体情况确定项目划分。一级项目可以按工程项目属性（渠道或管道、建筑物等）进行项目划分，也可以先按渠（管）段或引水系统总干渠（管）、干渠（管）、分干渠（管）、支渠（管）、分支渠（管）等进行项目划分，再按工程项目属性（渠道或管道、建筑物等）进一步划分二级、三级项目。

表中二级、三级项目，仅列示了代表性子目，编制概算时，二级、三级项目可根据初步设计阶段的工作深度和工程情况进行增减。

第一部分　建筑工程

表 3-1　　建筑工程项目划分

Ⅰ	枢纽工程			
序号	一级项目	二级项目	三级项目	备注
一	挡水工程			
1		混凝土坝（闸）工程		
			土方开挖	m^3
			石方开挖	m^3
			土石方回填	m^3
			砌石	m^3
			混凝土	m^3
			钢筋	t
			模板	m^2
			防渗墙	m^2
			灌浆	
			锚固	
			启闭机室	m^2
			温控措施	
			细部结构工程	m^3
2		土（石）坝工程		
			土方开挖	m^3
			石方开挖	m^3
			土石方填筑	m^3
			砌石	m^3
			土工膜	m^2
			保温板	m^2
			混凝土	m^3
			钢筋	t
			模板	m^2

续表

I	枢纽工程			
序号	一级项目	二级项目	三级项目	备注
			防渗墙	m^2
			灌浆	
			排水孔	m
			细部结构工程	m^3
二	泄洪工程			
1		溢洪道工程		
			土方开挖	m^3
			石方开挖	m^3
			土石方回填	m^3
			砌石	m^3
			混凝土	m^3
			钢筋	t
			模板	m^2
			灌浆	
			排水孔	m
			锚杆	根
			锚索	束（根）
			启闭机室	m^2
			温控措施	
			细部结构工程	m^3
2		泄洪洞工程		
			土方开挖	m^3
			石方开挖	m^3
			砌石	m^3
			混凝土	m^3
			钢筋	t
			模板	m^2
			灌浆	
			排水孔	m
			锚索（杆）	束（根）
			细部结构工程	m^3
3		冲砂孔（洞）工程		
4		放水洞工程		
5		溢洪闸工程		

续表

Ⅰ	枢 纽 工 程			
序号	一级项目	二级项目	三级项目	备注
三	引水工程			
1		引水明渠工程		
			土方开挖	m^3
			石方开挖	m^3
			土石方回填	m^3
			砌石	m^3
			混凝土	m^3
			钢筋	t
			模板	m^2
			防渗	
			细部结构工程	m^3
2		进水口工程		
3		隧洞工程		
4		调压井工程		
5		高压管道工程		
四	发电厂（泵站）工程			
1		地面厂房工程		
			土方开挖	m^3
			石方开挖	m^3
			土石方回填	m^3
			砌石	m^3
			砖墙	m^3
			混凝土	m^3
			钢筋	t
			模板	m^2
			灌浆	
			锚索（杆）	束（根）
			温控措施	
			厂房建筑	m^2
			细部结构工程	m^3
2		地下厂房工程		
			石方开挖	m^3

续表

I	枢纽工程			
序号	一级项目	二级项目	三级项目	备注
			混凝土	m^3
			钢筋	t
			模板	m^2
			喷浆	m^2
			灌浆	
			排水孔	m
			锚索（杆）	束（根）
			温控措施	
			厂房装修	m^2
			细部结构工程	m^3
五	升压变电站工程			
1		升压变电站工程		
			土方开挖	m^3
			石方开挖	m^3
			土石方回填	m^3
			砌石	m^3
			混凝土	m^3
			钢筋	t
			模板	m^2
			钢构架	t
			细部结构工程	m^3
2		开关站工程		
			土方开挖	m^3
			石方开挖	m^3
			土石方回填	m^3
			砌石	m^3
			混凝土	m^3
			钢筋	t
			模板	m^2
			钢构架	t
			细部结构工程	m^3

续表

Ⅰ	枢纽工程			
序号	一级项目	二级项目	三级项目	备注
六	航运工程			
1		上游引航道工程		
			土方开挖	m^3
			石方开挖	m^3
			土石方回填	m^3
			砌石	m^3
			混凝土	m^3
			钢筋	t
			模板	m^2
			锚索（杆）	束（根）
			细部结构工程	m^3
2		船闸（升船机）工程		
			土方开挖	m^3
			石方开挖	m^3
			土石方回填	m^3
			混凝土	m^3
			钢筋	t
			模板	m^2
			灌浆	
			防渗墙	m^2
			锚索（杆）	束（根）
			控制室	m^2
			温控措施	
			细部结构工程	m^3
3		下游引航道工程		
七	交通工程			
1		公路工程		
			土方开挖	m^3
			石方开挖	m^3
			土石方回填	m^3

续表

Ⅰ	枢 纽 工 程			
序号	一级项目	二级项目	三级项目	备注
			砌石	m^3
			路面	
2		桥梁工程		延 m
3		码头工程		
八	房屋建筑工程			
1		办公用房		m^2
2		辅助生产用房		m^2
3		值班宿舍及文化福利建筑		
4		室外工程		
九	供电设施工程			
十	信息化与自动化系统设施工程			
1		信息通信系统		
2		水文自动测报系统		
3		工程安全监测系统		
4		其他信息化与自动化系统		
十一	其他建筑工程			
1		照明线路工程		
2		厂坝区及生活区供水、排水、供热等公用设施		
3		劳动安全与工业卫生设施		
4		工程管理标准化设施		
5		其他		

续表

Ⅱ	其他水利工程			
序号	一级项目	二级项目	三级项目	备注
一	引（调）水工程			
（一）	渠道（管道）工程			
1		××～××段明渠工程		
			土石方开挖	m^3
			土石方回填	m^3
			砌石	m^3
			土工膜	m^2
			混凝土	m^3
			钢筋	t
			模板	m^2
			细部结构工程	m^3
2		××～××段管道工程		
			土石方开挖	m^3
			土石方回填	m^3
			砌石	m^3
			混凝土	m^3
			钢筋	t
			模板	m^2
			输水管道	
			附属小型建筑物	
			管道防腐	
			垫层	
			细部结构工程	m^3
3		××～××段支渠（管）工程		
4		排水沟（渠）工程		
（二）	建筑物工程			
1		泵站工程		
			土方开挖	m^3
			石方开挖	m^3
			土石方回填	m^3
			砌石	m^3

续表

Ⅱ	其他水利工程			
序号	一级项目	二级项目	三级项目	备注
			混凝土	m^3
			钢筋	t
			模板	m^2
			锚杆	根
			厂房建筑	m^2
			细部结构工程	m^3
2		水闸工程		
			土方开挖	m^3
			石方开挖	m^3
			土石方回填	m^3
			砌石	m^3
			混凝土	m^3
			钢筋	t
			模板	m^2
			防渗墙	m^2
			灌浆	
			启闭机室	m^2
			细部结构工程	m^3
3		隧洞工程		
			土方开挖	m^3
			石方开挖	m^3
			土石方回填	m^3
			砌石	m^3
			混凝土	m^3
			钢筋	t
			模板	m^2
			喷混凝土	
			灌浆	
			锚索（杆）	束（根）
			细部结构工程	m^3
4		渡槽工程		
			土方开挖	m^3
			石方开挖	m^3
			土石方回填	m^3

续表

Ⅱ	其他水利工程			
序号	一级项目	二级项目	三级项目	备注
			砌石	m^3
			混凝土	m^3
			钢筋	t
			模板	m^2
			细部结构工程	m^3
5		倒虹吸工程		
6		涵洞工程		
7		交叉、穿越工程		
8		其他建筑物		
二	堤防工程与河湖整治工程			
(一)	堤防及河湖整治			
1		××～××段堤防工程		
2		××～××段河道治理工程		
3		××～××段河湖清淤疏浚工程		
			土方开挖	m^3
			土方回填	m^3
			挖泥船挖土、砂疏浚	m^3
			抛石	m^3
			砌石	m^3
			土工膜	m^2
			混凝土	m^3
			钢筋	t
			模板	m^2
			灌浆	
			草皮护坡	m^2
(二)	建筑物工程			
1		泵站工程		
			土石方开挖	m^3
			土石方回填	m^3
			砌石	m^3

续表

Ⅱ	其他水利工程			
序号	一级项目	二级项目	三级项目	备注
			混凝土	m^3
			钢筋	t
			模板	m^2
			细部结构工程	m^3
2		水闸工程		
3		涵洞工程		
4		其他建筑物工程		
三	灌溉田间工程			
(一)	渠(管)道工程			
1		渠道工程		
			土石方开挖	m^3
			土石方回填	m^3
			砌石	m^3
			土工膜	m^2
			混凝土	m^3
			钢筋	t
			模板	m^2
			细部结构工程	m^3
2		管道工程		
			土石方开挖	m^3
			土石方回填	m^3
			砌石	m^3
			混凝土	m^3
			钢筋	t
			模板	m^2
			输水管道	
			管道附件及阀门	
			细部结构工程	m^3
3		排水沟(渠)工程		
(二)	建筑物工程			
1		泵站工程		
2		水闸工程		
3		涵洞工程		
4		灌溉机井工程		

续表

Ⅱ	其他水利工程			
序号	一级项目	二级项目	三级项目	备注
5		田间灌溉塘坝工程		
6		其他建筑物工程		
(三)	田间土地平整工程			
四	交通工程			
1		对外交通道路		
2		运行管理维护道路		
五	房屋建筑工程			
1		办公用房		m^2
2		辅助生产用房		m^2
3		值班宿舍及文化福利建筑		
4		室外工程		
六	供电设施工程			
七	信息化与自动化系统设施工程			
1		信息通信系统		
2		水文自动测报系统		
3		工程安全监测系统		
4		其他信息化与自动化系统		
八	其他建筑工程			
1		照明线路工程		
2		厂坝区及生活区供水、排水、供热等公用设施		
3		劳动安全与工业卫生设施		
4		工程管理标准化设施		
5		其他		

表 3-2　　三级项目划分要求及技术经济指标

序号	三级项目			技术经济指标
	分类	名称示例	说明	
1	土石方开挖	土方开挖	分列土方开挖与砂砾石开挖，区分土类级别与运距等	元/m^3
		石方开挖	分列明挖与平洞、斜井、竖井等暗挖，区分岩石级别与运距等	元/m^3
2	土石方回填	土方填筑		元/m^3
		石方填筑		元/m^3
		砂砾料填筑		元/m^3
		斜（心）墙土料填筑		元/m^3
		垫层料、反滤料、过渡料填筑		元/m^3
		铺盖填筑		元/m^3
3	砌石	土工膜		元/m^2
		土工布		元/m^2
		砌石	干砌石、浆砌石、抛石、铅丝（钢筋）石笼等分列	元/m^3
		砖砌体		元/m^3
4	混凝土与模板	混凝土	不同工程部位、不同标号、不同级配的混凝土分列	元/m^3
		沥青混凝土		元/m^3（m^2）
		模板	不同规格形状和材质的模板分列，超过 2m 的悬空建筑物模板支撑结构应单列，特殊建筑物按不同形式分列	元/m^2

续表

序号	三级项目			技术经济指标
	分类	名称示例	说明	
5	钻孔与灌浆	防渗墙		元/m^2
		地下连续墙		元/m^2
		灌浆孔	按使用不同钻孔机械及不同钻孔用途分列	元/m
		灌浆	不同灌浆种类分列	元/m（m^2）
		排水孔		元/m
6	锚固工程	锚杆		元/根
		锚索		元/束（根）
		喷混凝土		元/m^3
7	钢筋	钢筋		元/t
		钢筋网		
		钢筋笼		
		钢支撑、钢格栅		
8	钢结构	钢衬		元/t
		构架		元/t
9	止水	面（趾）板止水		元/m
10	其他	启闭机室		元/m^2
		控制室		元/m^2
		厂房建筑		元/m^2
		厂房装修		元/m^2
		温控措施		元/m^3
		细部结构工程		元/m^3

第二部分　机电设备及安装工程

表 3-3　　机电设备及安装工程项目划分

Ⅰ	枢纽工程			
序号	一级项目	二级项目	三级项目	备注
一	发电设备及安装工程			
1		水轮机设备及安装工程		
			水轮机	台
			调速器	台
			油压装置	台套
			过速限制器	台套
			自动化元件	台套
			透平油	t
2		发电机设备及安装工程		
			发电机	台
			励磁装置	台套
			自动化元件	台套
3		主阀设备及安装工程		
			蝴蝶阀（球阀、锥形阀）	台
			油压装置	台
4		起重设备及安装工程		
			桥式起重机	t（台）
			转子吊具	t（具）
			平衡梁	t（副）
			轨道	双10m
			滑触线	三相10m
5		水力机械辅助设备及安装工程		
			油系统	
			压气系统	
			水系统	
			水力量测系统	
			管路（管子、附件、阀门）	
6		电气设备及安装工程		

续表

Ⅰ	枢纽工程			
序号	一级项目	二级项目	三级项目	备注
			发电电压装置	
			控制保护系统	
			直流系统	
			厂用电系统	
			电工试验设备	
			35kV及以下动力电缆	
			控制和保护电缆	
			母线	
			电缆架	
			其他	
二	升压变电设备及安装工程			
1		主变压器设备及安装工程		
			变压器	台
			轨道	双 10m
2		高压电气设备及安装工程		
			高压断路器	
			电流互感器	
			电压互感器	
			隔离开关	
			110kV及以上高压电缆	
3		一次拉线等设备及其他安装工程		
三	信息化与自动化系统设备及安装工程			
1		信息通信系统		
2		网络信息安全系统		
3		工程综合信息管理系统		
4		计算机监控系统		
5		工业电视系统		
6		视频监控系统		
7		水文自动测报系统		

续表

Ⅰ	枢纽工程			
序号	一级项目	二级项目	三级项目	备注
8		工程安全监测系统		
9		其他信息化管理系统		
四	公用设备及安装工程			
1		通风采暖设备及安装工程		
			通风机	
			空调机	
			管路系统	
2		机修设备及安装工程		
			车床	
			刨床	
			钻床	
3		全厂接地及保护网		
4		电梯		
5		坝区馈电设备及安装工程		
			变压器	
			配电装置	
6		照明设施		
7		厂坝区供水、排水、供热设备及安装工程		
8		消防设备		
9		劳动安全与工业卫生设备		
10		交通工具		
11		其他设备及安装工程		

Ⅱ	其他水利工程			
序号	一级项目	二级项目	三级项目	备注
一	泵站设备及安装工程			
1		水泵设备及安装工程		
2		电动机设备及安装工程		

续表

Ⅱ	其他水利工程			
序号	一级项目	二级项目	三级项目	备注
3		主阀设备及安装工程		
4		起重设备及安装工程		
			桥式起重机	t（台）
			平衡梁	t（副）
			轨道	双 10m
			滑触线	三相 10m
5		水力机械辅助设备及安装工程		
			油系统	
			压气系统	
			水系统	
			水力量测系统	
			管路（管子、附件、阀门）	
6		电气一次设备及安装工程		
			变压器	
			盘柜	
			电缆	
			母线	
7		电气二次设备及安装工程		
			控制保护系统	
			监视监控系统	
二	水闸（涵）设备安装工程			
1		电气一次设备及安装工程		
			变压器	
			盘柜	
			电缆	
			母线	
2		电气二次设备及安装工程		
			控制保护系统	

续表

Ⅱ	其他水利工程			
序号	一级项目	二级项目	三级项目	备注
			监视监控系统	
三	灌溉、水处理设备安装工程			
1		水泵设备及安装工程		
2		电机设备及安装工程		
3		电气设备及安装工程		
4		水处理设备及安装工程		
四	供电设备及安装工程			
		变电站设备及安装工程		
五	信息化与自动化系统设备及安装工程			
1		信息通信系统		
2		网络信息安全系统		
3		工程综合信息管理系统		
4		计算机监控系统		
5		工业电视系统		
6		视频监控系统		
7		水文自动测报系统		
8		工程安全监测系统		
9		智慧水务系统		
10		其他信息化管理系统		
六	公用设备及安装工程			
1		通风采暖设备及安装工程		
			通风机	
			空调机	
			管路系统	
2		机修设备及安装工程		
			车床	
			刨床	
			钻床	

续表

Ⅱ	其 他 水 利 工 程			
序号	一级项目	二级项目	三级项目	备注
3		全厂接地及保护网		
4		照明设施		
5		厂坝区供水、排水、供热设备及安装工程		
6		消防设备		
7		劳动安全域工业卫生设备		
8		交通工具		
9		其他设备及安装工程		

第三部分　金属结构设备及安装工程

表 3-4　　金属结构设备及安装工程项目划分

Ⅰ	枢 纽 工 程			
序号	一级项目	二级项目	三级项目	备注
一	挡水工程			
1		闸门设备及安装工程		
			平板门	t
			弧形门	t
			埋件	t
2		启闭设备及安装工程		
			卷扬式启闭机	台
			门式启闭机	台
			螺杆启闭机	台
			油压启闭机	台
			电动葫芦	台
			轨道	双 10m
3		拦污设备及安装工程		
			拦污栅	t
			清污机	台
二	泄洪工程			
1		闸门设备及安装工程		

续表

Ⅰ	枢纽工程			
序号	一级项目	二级项目	三级项目	备注
2		启闭设备及安装工程		
3		拦污设备及安装工程		
三	引水工程			
1		闸门设备及安装工程		
2		启闭设备及安装工程		
3		拦污设备及安装工程		
四	发电厂（泵站）工程			
1		闸门设备及安装工程		
2		启闭设备及安装工程		
3		钢管制作及安装工程		
五	航运工程			
1		闸门设备及安装工程		
2		启闭设备及安装工程		
3		升船机设备及安装工程		

Ⅱ	其他水利工程			
序号	一级项目	二级项目	三级项目	备注
一	泵站工程			
1		闸门设备及安装工程		
2		启闭设备及安装工程		
3		拦污设备及安装工程		
4		钢管制作及安装工程		
二	水闸（涵）工程			
1		闸门设备及安装工程		
2		启闭设备及安装工程		
3		拦污设备及安装工程		
三	放水洞工程			
1		闸门设备及安装工程		
2		启闭设备及安装工程		
3		拦污设备及安装工程		
四	其他建筑物工程			

第四部分 施工临时工程

表 3-5　　施工临时工程项目划分

序号	一级项目	二级项目	三级项目	备注
一	导流工程			
1		导流明渠工程		
			土石方开挖	m^3
			土石方回填	m^3
			模板	m^2
			混凝土	m^3
			钢筋	t
			锚杆	根
2		施工围堰工程		
			土方开挖	m^3
			石方开挖	m^3
			堰体填筑	m^3
			砌石	m^3
			混凝土	m^3
			防渗	
			堰体拆除	m^3
			其他	
二	施工交通工程			
1		公路工程		km
2		桥梁工程		
3		施工支洞工程		
4		码头工程		
5		转运站		
三	施工场外供电工程			
1		35kV 供电线路		km
2		10kV 供电线路		km
3		变配电设施（施工单位负责建设的场内施工供电工程除外）		座

续表

序号	一级项目	二级项目	三级项目	备注
四	房屋建筑工程			
1		施工仓库		
2		办公、生活及文化福利建筑		
五	其他施工临时工程			
六	施工专项工程			
1		施工现场标准化建设工程		
2		施工管理信息系统		
3		常态化疫情防控措施费		
4		施工期通航、施工期供水等其他专项工程		
七	安全生产措施费			
八	文明施工措施费			

第五部分　独 立 费 用

表 3－6　　独立费用项目划分

序号	一级项目	二级项目	三级项目	备注
一	建设管理费			
二	经济技术服务费			
三	工程建设监理费			
四	生产准备费			
1		生产及管理单位提前进厂费		
2		生产职工培训费		
3		管理用具购置费		
4		工器具及生产家具购置费		
5		联合试运转费		

续表

序号	一级项目	二级项目	三级项目	备注
五	科研勘测设计费			
1		工程科学研究试验费		
2		工程勘测设计费		
			勘测费	
			设计费	
六	其他			
1		工程质量检测费		
2		工程保险费		
3		其他税费		

第四章　费 用 构 成

第一节　概　　述

水利水电工程建设项目工程部分的费用由工程费（建筑及安装工程费和设备费）、独立费用、预备费、建设期融资利息组成，内容如下：

- 费用
  - 工程费
    - 建筑及安装工程费
    - 设备费
  - 独立费用
  - 预备费
  - 建设期融资利息

1．建筑及安装工程费

建筑及安装工程费由直接费（基本直接费、其他直接费）、间接费（规费、企业管理费）、利润、材料价差、未计价装置性材料费和税金组成。

2．设备费

设备费由设备原价、运杂费、运输保险费、采购及保管费组成。

3．独立费用

独立费用由建设管理费、经济技术服务费、工程建设监理费、生产准备费、科研勘测设计费和其他组成。

（1）建设管理费。含建设单位开办费、建设单位人员费、项目管理费。

（2）经济技术服务费。

（3）工程建设监理费。含施工监理费、设备制造监理费。

（4）生产准备费。含生产及管理单位提前进厂费、生产职工培训费、管理用具购置费、工器具及生产家具购置费、联合试运转费。

（5）科研勘测设计费。含工程科学研究试验费、工程勘测设计费。

（6）其他。工程质量检测费、工程保险费、其他税费。

4. 预备费

预备费由基本预备费、价差预备费组成。

5. 建设期融资利息

第二节　建筑及安装工程费

建筑及安装工程费由直接费、间接费、利润、材料价差、未计价装置性材料费及税金组成。

根据一般纳税人的有关政策编制建筑及安装工程费，税前相关费用不含增值税进项税额。

一、直接费

直接费指建筑安装工程施工过程中消耗的用于形成工程实体的直接费用，以及为完成工程项目施工发生的措施费用和设施费用。由基本直接费、其他直接费组成。

（一）基本直接费

基本直接费包括人工费、材料费、施工机械使用费。

1. 人工费

人工费指直接从事建筑安装工程施工的生产工人开支的各项费用，内容包括：

（1）基本工资。由岗位工资和年应工作天数内非作业天数的工资组成。

1）岗位工资。指按照职工所在岗位各项劳动要素测评结果确定的工资。

2）生产工人年应工作天数以内非作业天数的工资。包括生产工人开会学习、培训期间的工资，调动工作、探亲、休假期间的工资，因气候影响的停工工资，女工哺乳期间的工资，病假在六个月以内的工资及产、婚、丧假期的工资。

（2）辅助工资。指在基本工资之外，以其他形式支付给生产工人的工资性收入。包括根据国家有关规定属于工资性质的各种津贴，主要包括施工津贴、夜餐津贴、节假日加班津贴等。

2. 材料费

材料费指用于建筑安装工程上的消耗性材料、装置性材料和周转性材料摊销费。包括定额工作内容规定应计入的未计价材料和计价材料。

材料预算价格一般包括材料原价、运杂费、运输保险费、采购及保管费四项。

（1）材料原价。指材料指定交货地点的价格。

（2）运杂费。指材料从指定交货地点至工地分仓库或相当于工地分仓库（材料堆放场）所发生的全部费用。包括运输费、装卸费及其他杂费。

（3）运输保险费。指材料在运输途中的保险费。

（4）材料采购及保管费。指材料在采购、供应和保管过程中所发生的各项费用。主要包括材料的采购、供应和保管部门工作人员的基本工资、辅助工资、养老保险费、失业保险费、医疗保险费、工伤保险费、生育保险费、住房公积金、职工福利费、工会经费、教育经费、劳动保护费、办公费、差旅交通费及工具用具使用费；仓库、转运站等设施的检修费、固定资产折旧费、技术安全措施费和工地保管费；材料在运输、保管过程中发生的不可避免的损耗等。

爆破火工等特殊材料的配送费和管理费，应按工程所在地相关规定或市场价计算，计入材料预算价格。

3. 施工机械使用费

施工机械使用费指消耗在建筑安装工程项目上的机械磨损、维修和动力燃料费用等。包括折旧费、修理和替换设备费、安装拆卸费、机上人工费和动力燃料费等。

（1）折旧费。指施工机械在规定使用年限内回收原值的台班折旧摊销费用。

（2）修理和替换设备费。修理费指施工机械使用过程中，为了使机械保持正常功能而进行修理和保养所需的摊销费用和机械正常运转及日常保养所需的润滑油料、擦拭用品的费用，以及保管机械所需的费用。

替换设备费指保障施工机械正常运转时所耗用的替换设备及随机配备的工具附具等摊销费用。

（3）安装拆卸费。指施工机械（大型施工机械除外）进出工地的安装、拆卸、试运转和场内转移及辅助设施的摊销费用。大型施工机械的安装拆卸不在施工机械使用费中计列，包含在其他施工临时工程中。

（4）机上人工费。指施工机械使用时机上操作人员的人工费用。

（5）动力燃料费用。指施工机械正常运转时所耗用的风、水、电、油和煤等费用。

（二）其他直接费

其他直接费包括冬雨季施工增加费、夜间施工增加费、临时设施费和其他。

1. 冬雨季施工增加费

冬雨季施工增加费指在冬雨季施工期间为保证工程质量所需

增加的费用。包括增加施工工序，增设防雨、保温、排水等设施增耗的动力、燃料、材料以及因人工、机械效率降低而增加的费用。

2. 夜间施工增加费

夜间施工增加费指施工场地和公用施工道路的照明费用。照明线路工程费用包括在“临时设施费”中；施工附属企业系统、加工厂、车间的照明费用，列入相应的产品中，均不包括在本项费用之内。

3. 临时设施费

临时设施费指施工企业为进行建筑安装工程施工所必需的、但又未被划入施工临时工程的小型临时建筑物、构筑物和各种临时设施的建设、维修、拆除、摊销等。主要包括：供风、供水（支线）、供电（场内）、照明、供热、制冷系统及通信支线，土石料场，小型混凝土拌和浇筑设施，木工、钢筋、机修等辅助加工厂，混凝土预制构件厂，脚手架工程，场内施工排水，施工场地平整，施工道路养护及其他小型临时设施等。

4. 其他

其他包括施工工具用具使用费、工程项目及设备仪表移交生产前的维护费、检验试验费、工程定位复测及施工控制网测设费、工程点交费、竣工场地清理费等。

（1）施工工具用具使用费。指施工生产所需但不属于固定资产的生产工具及检验、试验用具等的购置、摊销和维护费。

（2）工程项目及设备仪表移交生产前的维护费。指竣工验收前对已完工程项目及设备仪表进行保护所需费用。

（3）检验试验费。指施工企业对建筑材料、构件和建筑安装物进行一般鉴定、检查所发生的自检费用，包括自设实验室所耗用的材料和化学药品费用，以及技术革新和研究试验费等，不包括新结构、新材料的试验费和建设单位要求对具有出厂合格证明的材料进行试验、对构件进行破坏性试验，以及其他特殊要求检验试验的费用。

二、间接费

间接费指施工企业为建筑安装工程施工而进行组织与经营管理所发生的构成产品成本的各项费用，由规费和企业管理费组成。

（一）规费

规费指政府和有关部门规定必须缴纳的费用。包括：

（1）社会保险费。指企业按照规定标准为职工缴纳的养老保险费、失业保险费、医疗保险费、工伤保险费、生育保险费。

（2）住房公积金。指企业按照规定标准为职工缴纳的住房公积金。

（二）企业管理费

企业管理费指施工企业为组织施工生产和经营管理活动所发生的费用。内容包括：

（1）管理人员工资。指管理人员的基本工资、辅助工资。

（2）办公费。指企业办公用的文具、纸张、账表、印刷、邮电、书报、办公软件、现场监控、会议、水电、取暖降温（包括现场临时宿舍取暖降温）等费用。

（3）差旅交通费。指企业管理人员因公出差、调动工作的差旅费，市内交通费和误餐补助费，职工探亲路费，劳动力招募费，职工离退休、退职一次性路费，工伤人员就医路费，工地转移费，交通工具使用费等。

（4）固定资产使用费。指企业管理和试验部门及附属生产单位使用的属于固定资产的房屋、设备、仪器等的折旧、大修理、维修费或租赁费等。

（5）工具用具使用费。指企业管理使用不属于固定资产的工具、用具、家具、交通工具和检验、试验、测绘、消防用具等的购置、维修和摊销费。

（6）职工福利费。指企业按照国家规定支出的职工福利费，以及由企业按规定支付离退休职工的易地安家补助费、职工退职金、六个月以上的病假人员工资、按规定支付给离休干部的各项经费，职工死亡丧葬补助费、抚恤费，职工发生工伤时企业依法在工伤保险基金之外支付的费用，其他在社会保险基金之外依法由企业支付给职工的费用。

（7）劳动保护费。指企业按照国家有关部门规定标准发放的劳动防护用品的购置及修理费、保健费、防暑降温费（高温作业费）、取暖补贴、高空作业及进洞津贴、技术安全措施等。

（8）工会经费。是指企业按职工工资总额计提的工会经费。

（9）职工教育经费。指企业为职工学习先进技术和提高文化水平按职工工资总额计提的费用。

（10）保险费。指企业财产保险、管理用车辆等保险费用，高空、井下、洞内、水下、水上作业等特殊工种安全保险费，危险作业意外伤害保险费，工程质量保险费等。

（11）财务费用。指企业为筹集资金而发生短期融资利息净支出、汇兑净损失、金融机构手续费，投标和承包工程发生的保函手续费、担保费用，其他财务费用等。

（12）税金及附加。指企业按规定交纳的房产税、管理用车辆使用税、印花税、城市维护建设税、教育费附加和地方教育附加等。

（13）其他。包括技术转让费、企业定额测定费、施工企业进退场费（含大型机械进出场费）、施工企业承担的施工辅助工程设计费、投标费、工程图纸资料费及工程摄影费、科研与技术开发费、业务招待费、绿化费、公证费、法律顾问费、审计费、咨询费、企业信息化建设费等。

三、利润

利润指按规定应计入建筑安装工程费用中的利润。

四、材料价差

材料价差指根据主要材料预算价格与材料基价的价格差额及消耗量计算的价差金额。材料基价指计入基本直接费的主要材料的限制价格。

五、未计价装置性材料费

未计价装置性材料费指建筑定额或设备安装定额中未计价的装置性材料，其费用只计取税金，不作为其他直接费、间接费、利润的计算基数。

六、税金

税金指按规定应计入建筑及安装工程费用中的增值税销项税额。

第三节 设 备 费

设备费包括设备原价、运杂费、运输保险费和采购及保管费。相关费用均包含增值税进项税额。

一、设备原价

（1）国产设备。其原价指出厂价。

（2）进口设备。以到岸价和进口征收的税金、手续费、银行财务费、商检费及港口费等各项费用之和为原价。

（3）大型机组及其他大型设备分块运至工地后的拼装费用包括在设备原价内。

（4）非标准设备的设计费和设备必需的备品备件费计入设备费中。

二、运杂费

运杂费指设备由厂家运至工地现场所发生的一切运杂费用，包括运输费、装卸费、包装绑扎费、大型变压器充氮费及可能发生的其他杂费。

三、运输保险费

运输保险费指设备在运输过程中的保险费用。

四、采购及保管费

采购及保管费指设备的采购、保管过程中发生的各项费用。主要包括：

（1）采购及保管部门工作人员的基本工资、辅助工资、养老保险费、失业保险费、医疗保险费、工伤保险费、生育保险费、住房公积金、职工福利费、工会经费、职工教育经费、劳动保护费、办公费、差旅交通费、工具用具使用费等。

（2）仓库及转运站等设施的运行费、维修费、固定资产折旧费、技术安全措施费及工地保管费和设备的检验试验费等。

第四节　独 立 费 用

独立费用由建设管理费、经济技术服务费、工程建设监理费、生产准备费、科研勘测设计费和其他等六项组成。

一、建设管理费

建设管理费指建设单位在工程项目筹建和建设期间进行管理工作所需的费用，包括建设单位开办费、建设单位人员费、项目管理费三项。

1. 建设单位开办费

建设单位开办费指新组建的工程建设单位，为开展工作所必须购置的办公设施、交通工具以及其他用于开办工作的费用。

2. 建设单位人员费

建设单位人员费指建设单位从批准组建之日起至完成该工程建设管理任务之日止，需开支的建设单位人员费用。主要包括工作人员的基本工资、辅助工资、养老保险费、失业保险费、医疗保险费、工伤保险费、生育保险费、住房公积金、职工福利费、工会经费、职工教育经费、劳动保护费等。

3. 项目管理费

项目管理费指建设单位从筹建到竣工期间所发生的各种管理费用。包括：

（1）工程建设过程中用于资金筹措、召开董事（股东）会议、视察工程建设所发生的会议和差旅等费用。

（2）建设单位进行项目管理所发生的土地使用税、房产税、印花税、合同公证费等。

（3）工程宣传费。

（4）审计费。

（5）施工期间所需的水情、水文、泥沙、气象监测费和报汛费。

（6）工程验收费。

（7）在工程建设过程中，派驻工地的公安、消防部门的补贴费以及其他工程管理费用。

（8）建设单位人员的教育经费、办公费、差旅交通费、会议费、交通车辆使用费、技术图书资料费、固定资产折旧费、零星固定资产购置费、低值易耗品摊销费、工具用具使用费、修理费、水电费、采暖费等。

（9）其他管理性费用。

二、经济技术服务费

经济技术服务费由招标业务费和经济技术咨询费组成。

招标业务费指建设单位组织项目招标业务所发生的费用，包括建设单位委托招标代理，组织工程设计招标、监理招标、施工招标、设备采购招标和其他招标的代理费用及服务费用。

经济技术咨询费指建设单位根据国家有关规定和项目建设管理的需要，委托具备资质的机构或聘请专家对项目建设的安全性、可靠性、先进性、经济性等有关工程技术、经济和法律等方面进行专项报告编制、咨询、评审和评估所发生的费用。包括勘测设计成果咨询与评审，工程安全鉴定、验收技术鉴定、节能与安全评价、建设期造价咨询、防洪影响评价、水资源论证、社会稳定风险分析、工程场地地震安全性评价、地质灾害危险性评价、压覆矿产资源评估及其他专项咨询等工作发生的费用。

三、工程建设监理费

工程建设监理费指建设单位在工程建设过程中委托监理单位，对工程建设的质量、进度、费用控制管理和安全生产监督管理，合同、信息等方面协调管理服务，完成施工监理、设备制造监理所发生的全部费用。包括施工监理费和设备制造监理费。

四、生产准备费

生产准备费指水利水电建设项目的生产、管理单位为准备正常的生产运行或管理发生的费用。包括生产及管理单位提前进厂费、生产职工培训费、管理用具购置费、工器具及生产家具购置费和联合试运转费。

1. 生产及管理单位提前进厂费

生产及管理单位提前进厂费指在工程完工之前，生产、管理单位有一部分工人、技术人员和管理人员提前进厂进行生产筹备工作所需的各项费用。包括提前进厂人员的基本工资、辅助工资、养老保险费、失业保险费、医疗保险费、工伤保险费、生育保险费、住房公积金、职工福利费、工会经费、职工教育经费、劳动保护费、办公费、差旅交通费、会议费、技术图书资料费、零星固定资产购置费、低值易耗品摊销费、工具用具使用费、修理费、水电费、采暖费等，以及其他属于生产筹建期间应开支的费用。

2. 生产职工培训费

生产职工培训费指生产及管理单位为保证生产、管理工作能顺利进行，需对工人、技术人员和管理人员进行培训所发生的费用。

3. 管理用具购置费

管理用具购置费指为保证新建项目的正常生产和管理所必须购置的办公和生活用具等费用。包括办公室、会议室、资料档案室、阅览室、文娱室、医务室等公用设施需要配置的家具器具。

4. 工器具及生产家具购置费

工器具及生产家具购置费指按设计规定，为保证初期生产正常运行所必须购置的不属于固定资产标准的生产工具、器具、仪表、生产家具等的购置费。不包括设备购置时配备的应计入设备费的工器具费用。

5. 联合试运转费

联合试运转费指水利水电工程的发电机组、水泵等安装完毕进行整套设备带负荷联合试运转期间所需的各项费用，引（调）水工程、灌溉田间工程进行试运行通水发生的各项费用。主要包括联合试运转期间所消耗的燃料、动力、材料及机械使用费，工具用具购置费，工程巡视检查费，施工单位参加联合试运转人员的工资等，不包括引（调）水工程、灌溉田间工程试运行通水所需的水费和水资源费。

五、科研勘测设计费

科研勘测设计费指为工程建设所需的科研、勘测和设计等费用，包括工程科学研究试验费和工程勘测设计费。

1．工程科学研究试验费

工程科学研究试验费指为保障工程质量，解决工程建设技术问题，而进行必要的科学研究试验所需的费用。

2．工程勘测设计费

工程勘测设计费指工程从项目建议书开始至以后各设计阶段发生的勘测费、设计费。不包括专项部分的工程建设征地与移民安置设计、环境保护设计、水土保持设计及其他专项工程各设计阶段发生的勘测设计费。

六、其他

1．工程质量检测费

工程质量检测费指工程建设期间，为检验工程质量，在施工单位自检、监理单位检测的基础上，由建设单位委托具有相应资质的检测机构进行质量检测，在相关工程费用和监理费用之外发生的检测费用，包括验收阶段发生的质量检测费用等。

2．工程保险费

工程保险费指工程建设期间，建设单位为使工程能在遭受水灾、火灾等自然灾害和意外事故造成损失后得到经济补偿，而对工程进行投保所发生的保险费用。包括建筑安装工程一切险和第三者责任险。

3. 其他税费

其他税费指按国家规定应缴纳的与工程建设有关的税费。

第五节 预备费及建设期融资利息

一、预备费

预备费包括基本预备费和价差预备费。

1. 基本预备费

基本预备费主要为解决在工程建设过程中，由于设计变更和有关技术标准调整增加的投资以及工程遭受一般自然灾害所造成的损失和为预防自然灾害所采取的措施费用。

2. 价差预备费

价差预备费主要为解决在工程建设过程中，因人工工资、材料和设备价格上涨以及费用标准调整而增加的投资。

二、建设期融资利息

建设期融资利息指根据国家财政金融政策规定，工程在建设期内需偿还并应计入工程总投资的融资利息。

第五章　编制方法及计算标准

第一节　基础单价编制

一、人工预算单价

根据人工费用构成确定人工预算单价为 122 元/工日，人工预算单价与定额配套使用。建设实施阶段，施工企业可根据劳务工资有关规定，结合企业管理水平和市场情况，调整人工预算单价，自行确定工人实际工资标准。

二、材料预算价格

（一）主要材料预算价格

1. 主要材料

主要材料指钢筋、水泥、柴油、汽油、砂石料、商品混凝土，以及其他占工程投资比例高的材料。

2. 主要材料预算价格编制

主要材料预算价格计算公式为

材料预算价格＝（材料原价＋运杂费）×（1＋采购及保管费率）＋运输保险费

构成主要材料预算价格的材料原价和费用均不含增值税进项税额。

（1）材料原价。按工程所在地区就近大型物资供应公司、材料交易中心的市场成交价或设计选定的生产厂家的出厂价计算，也可以采用价格主管部门定价或工程所在地县级以上建设工程造价管理部门发布的信息价计算。

(2) 运杂费。运杂费主要包括装卸车费、运输费等。铁路运输按铁路行业现行《铁路货物运价规则》及有关规定计算其运杂费。公路及水路运输按工程所在地交通部门规定标准或市场调查标准计算。

(3) 采购及保管费。按材料运到工地仓库价格作为计算基数，采购及保管费费率为2.5%。

(4) 运输保险费。按工程所在地中国人民保险公司的有关规定计算。

(二) 次要材料预算价格

次要材料指数量少、占工程投资比例低的材料。次要材料预算价格可采用工程所在地信息价格或市场调查价格，价格不含增值税进项税额。

(三) 材料基价

主要材料预算价格高于表5-1规定的材料基价时，应按基价计入基本直接费并计取费用，材料预算价与基价的差值计入材料价差，材料价差仅计取税金。主要材料预算价格低于材料基价时，按材料预算价格计入材料费。计算施工电、风、水预算价格时，汽油、柴油按预算价格参与计算。

材料增值税税率变化时，材料基价不变。

表5-1　　材料基价表

序号	材料名称	单位	基价/元
1	钢筋	t	2600
2	水泥	t	260
3	柴油	t	3000
4	汽油	t	3100
5	外购砂石料	m^3	70
6	商品混凝土	m^3	200
7	炸药	t	6000

三、施工电、风、水预算价格

1. 施工用电价格

施工用电价格由基本电价、电能损耗摊销费和供电设施维修摊销费组成。根据施工组织设计确定的供电方式以及不同电源的电量所占比例，按国家或省规定的工程所在地电网电价和规定的加价进行计算。电网供电的基本电价不含增值税进项税额。电价计算公式为

$$\text{电网供电价格}=\frac{\text{基本电价}}{(1-\text{高压输电线路损耗率})\times(1-\text{变配电设备及配电线路损耗率})}+\text{供电设施维修摊销费}$$

$$\begin{array}{l}\text{柴油发电机供电价格}\\(\text{自设水泵供冷却水})\end{array}=\frac{\begin{array}{c}\text{柴油发电机组(台)}\\\text{班总费用}\end{array}+\begin{array}{c}\text{水泵组(台)班}\\\text{总费用}\end{array}}{\begin{array}{c}\text{柴油发电机额定容量之和}\\\times 8h\times K\times(1-\text{厂用电率})\end{array}\times\begin{array}{c}(1-\text{变配电设备及}\\\text{配电线路损耗率})\end{array}}+\text{供电设施维修摊销费}$$

柴油发电机供电如采用循环冷却水，不用水泵，电价计算公式为

$$\begin{array}{l}\text{柴油发电机供电}\\\text{价格(循环冷却水)}\end{array}=\frac{\text{柴油发电机组(台)班总费用}}{\begin{array}{c}\text{柴油发电机额定容量之和}\\\times 8h\times K\times(1-\text{厂用电率})\end{array}\times\begin{array}{c}(1-\text{变配电设备及}\\\text{配电线路损耗率})\end{array}}+\text{单位循环冷却水费}+\text{供电设施维修摊销费}$$

式中　K——发电机出力系数，一般取0.8～0.85；

厂用电率取3%～5%；

高压输电线路损耗率取3%～5%；

变配电设备及配电线路损耗率取4%～7%，线路短、用电负荷集中的取小值，反之取大值；

供电设施维修摊销费取0.04～0.05元/(kW·h)；

单位循环冷却水费取0.05元/(kW·h)。

2. 施工用水价格

施工用水价格由基本水价、供水损耗和供水设施维修摊销费组成，根据施工组织设计所配置的供水系统设备组（台）班总费用和组（台）班总有效供水量计算。水价计算公式为

$$施工用水价格=\frac{水泵组（台）班总费用}{水泵额定容量之和\times 8h\times K\times(1-供水损耗率)}+供水设施维修摊销费$$

式中 K——能量利用系数，取 0.75～0.85；

供水损耗率取 6%～10%；

供水设施维修摊销费取 0.05 元/m^3。

注：

（1）施工用水为多级提水并中间有分流时，要逐级计算水价。

（2）施工用水有循环用水时，水价要根据施工组织设计的供水工艺流程计算。

（3）施工采用自来水时，其价格为不含增值税进项税额的价格。

3. 施工用风价格

施工用风价格由基本风价、供风损耗和供风设施维修摊销费组成，根据施工组织设计所配置的空气压缩机系统设备组（台）班总费用和组（台）班总有效供风量计算。风价计算公式为

$$施工用风价格=\frac{空气压缩机组（台）班总费用+水泵组（台）班总费用}{空气压缩机额定容量之和\times 8h\times 60min\times K\times(1-供风损耗率)}+供风设施维修摊销费$$

空气压缩机系统如采用循环冷却水，不用水泵，则风价计算公式为

$$施工用风价格=\frac{空气压缩机组（台）班总费用}{空气压缩机额定容量之和\times 8h\times 60min\times K\times(1-供风损耗率)}$$

+单位循环冷却水费+供风设施维修摊销费

式中 K——能量利用系数，取0.70～0.85；

供风损耗率取6%～10%；

单位循环冷却水费0.007元/m^3；

供风设施维修摊销费0.005元/m^3。

四、施工机械台班费

施工机械台班费应根据《山东省水利水电工程施工机械台班费定额》及有关规定计算。施工机械台班费定额缺项时，可补充编制台班费定额。

五、混凝土、砂浆材料单价

根据设计确定的不同工程部位的混凝土强度等级、级配和龄期，分别计算出每立方米混凝土材料单价，计入相应混凝土工程概算单价内。

混凝土配合比的各项材料用量，应根据工程试验提供的资料计算，若无试验资料时，可参照定额附录的混凝土材料配合表计算。

采用商品混凝土时，商品混凝土材料单价计算方法与外购主要材料相同。

砂浆材料单价计算方法与混凝土材料单价相同。

第二节 建筑、安装工程单价编制

一、建筑工程单价

1. 直接费

直接费=基本直接费+其他直接费

（1）基本直接费。

人工费＝定额劳动量（工日）×人工预算单价（元/工日）

材料费＝∑［定额材料用量×材料预算价格（或材料基价）］

机械使用费＝∑［定额机械使用量（台班）×施工机械台班费（元/台班）］

（2）其他直接费。

其他直接费＝基本直接费×其他直接费费率

2. 间接费

间接费＝直接费×间接费费率

3. 利润

利润＝（直接费＋间接费）×利润率

4. 材料价差

材料价差＝∑［定额材料消耗量×（材料预算价格－材料基价）］

5. 未计价装置性材料费

未计价装置性材料费＝∑（定额未计价装置性材料用量×材料预算价格）

6. 税金

税金＝（直接费＋间接费＋利润＋材料价差＋未计价装置性材料费）×税率

7. 建筑工程单价

建筑工程单价＝直接费＋间接费＋利润＋材料价差＋未计价装置性材料费＋税金

二、安装工程单价

（一）实物量形式的安装单价

直接费＝基本直接费＋其他直接费

1. 直接费

（1）基本直接费。

人工费＝定额劳动量（工日）×人工预算单价（元/工日）

材料费＝∑[定额材料用量×材料预算价格（或材料基价）]

机械使用费＝∑[定额机械使用量（台班）×施工机械台班费（元/台班）]

（2）其他直接费。

其他直接费＝基本直接费×其他直接费费率

2. 间接费

间接费＝人工费×间接费费率

3. 利润

利润＝（直接费＋间接费）×利润率

4. 材料价差

材料价差＝∑[定额材料消耗量×（材料预算价格－材料基价）]

5. 未计价装置性材料费

未计价装置性材料费＝∑（定额未计价装置性材料用量×材料预算价格）

6. 税金

税金＝（直接费＋间接费＋利润＋材料价差＋未计价装置性材料费）×税率

7. 安装工程单价

安装工程单价＝直接费＋间接费＋利润＋材料价差＋未计价装置性材料费＋税金

（二）费率形式的安装工程单价

1. 直接费

直接费（％）＝基本直接费（％）＋其他直接费（％）

（1）基本直接费。

人工费（％）＝定额人工费（％）

材料费（％）＝定额材料费（％）

机械使用费（％）＝定额机械使用费（％）

（2）其他直接费。

其他直接费（%）＝基本直接费（%）×其他直接费费率（%）

2. 间接费

间接费（%）＝人工费（%）×间接费费率（%）

3. 利润

利润（%）＝［直接费（%）＋间接费（%）］×利润率（%）

4. 税金

税金（%）＝［直接费（%）＋间接费（%）＋利润（%）］×税率（%）

5. 安装工程单价

安装工程单价费率（%）＝直接费（%）＋间接费（%）＋利润（%）＋税金（%）

安装工程单价＝设备原价×安装工程单价费率（%）

三、其他直接费

其他直接费按基本直接费的百分率计算，见表5－2。

表5－2　其他直接费费率表

序号	工程类别	计算基础	其他直接费费率/%	
			建筑工程	安装工程
1	冬雨季施工增加费	基本直接费	1.0	1.0
2	夜间施工增加费	基本直接费	0.4	0.6
3	临时设施费	基本直接费	2.1	2.1
4	其他	基本直接费	1.0	1.5
合计		基本直接费	4.5	5.2

四、间接费

间接费按直接费或人工费的百分率计算，见表5－3。

表5-3　　间接费费率表

序号	项目名称	计算基础	费率/%
一	建筑工程		
1	土方工程	直接费	10.5
2	石方工程	直接费	10.5
3	砌筑工程	直接费	13.0
4	模板工程	直接费	10.5
5	混凝土工程	直接费	10.5
6	钢筋制安工程	直接费	8.0
7	钻孔灌浆及锚固工程	直接费	9.5
8	疏浚工程	直接费	8.0
9	绿化工程	直接费	8.0
10	管道工程	直接费	10.0
11	其他工程	直接费	10.0
二	安装工程		
1	设备安装工程	人工费	60

1. 建筑工程类别划分

（1）土方工程。包括土方开挖与填筑等工程。

（2）石方工程。包括石方开挖与填筑等工程。

（3）砌筑工程。包括砌石、抛石、砌砖等工程。

（4）模板工程。包括现浇混凝土时制作及安装的各类模板工程。

（5）混凝土浇筑工程。包括现浇和预制各种混凝土、伸缩缝、止水、防水层及温控措施等工程。

（6）钢筋制安工程。包括各种钢筋、钢筋网、钢筋笼、钢格栅拱架的制作与安装等工程。

（7）钻孔灌浆及锚固工程。包括各种类型的钻孔灌浆、防渗墙、灌注桩、碎石桩、搅拌桩、锚杆、喷混凝土、喷水泥浆、预应力锚索（筋）、管棚等工程。

（8）疏浚工程。指用挖泥船、水力冲挖机组等机械疏浚江河、湖泊等工程。

（9）绿化工程。指生态及绿化、景观等工程，包括植树、种草、整地等工程。

（10）管道工程。包括各种输水管道的铺设、安装等工程。

（11）其他工程。指上述工程以外的其他工程。

2. 安装工程类别划分

设备安装工程。包括机电、金属结构等各类设备的安装工程。

五、利润

利润按直接费和间接费之和的7％计算。相关增值税税率变化时，利润计算标准不变。

六、税金

税金按照建筑、安装工程单价的税金计算公式计算。税率为国家财政税务主管部门发布的建筑业增值税税率。

现行建筑、安装工程增值税税率为9％。税率变化时，根据国家财政税务主管部门发布的文件适时调整。

七、单价扩大系数

工程概算单价采用预算定额编制时，考虑到概算工作的深度和精度以及施工中允许的超挖量、超填量、合理的施工附加量等合理消耗量，概算单价乘以5％扩大系数。

第三节　分部工程概算编制

第一部分　建 筑 工 程

建筑工程按主体建筑工程、交通工程、房屋建筑工程、供电设施工程、信息化与自动化系统设施工程、其他建筑工程分别采用不同的方法编制。

一、主体建筑工程

（1）主体建筑工程概算按设计工程量乘以工程单价进行编制。

（2）主体建筑设计工程量依据初步设计成果确定，由设计根据《水利水电工程设计工程量计算规定》和技术标准的相关要求进行计算，按项目划分要求，列示到三级项目的工程量。

（3）当设计对混凝土施工有温控要求时，应根据温控措施设计，计算温控措施费用，也可以根据分析确定的造价指标，按建筑物混凝土工程量乘以造价指标进行计算。

（4）细部结构工程。参照水工建筑工程细部结构指标表确定，见表5－4。

表5－4　　水工建筑工程细部结构指标表

项目名称	混凝土重力坝、重力拱坝、宽缝重力坝、支墩坝	混凝土双曲拱坝	土坝、堆石坝	水闸	冲砂闸、泄洪闸
单位	元/m^3（坝体方）			元/m^3（混凝土）	
综合指标	16.5	17.5	1.2	49	43

续表

项目名称	进水口、进水塔		溢洪道	隧洞	竖井、调压井	高压管道
单位	元/m^3（混凝土）					
综合指标	19.5		18.5	15.5	19	4
项目名称	电（泵）站地面厂房	电（泵）站地下厂房	船闸	倒虹吸、暗渠、涵闸	渡槽	明渠（衬砌）
单位	元/m^3（混凝土）					
综合指标	38	58	30.5	17.7	54	8.5

注 1. 表中综合指标包括多孔混凝土排水管、止水工程（面板坝除外）、伸缩缝工程、接缝灌浆管路、冷却水管路、栏杆、照明设施、爬梯、通气管道、排水工程（坝基渗水处理、排水管、坝体及厂房排水沟等）、排水渗井钻孔及反滤料、坝坡踏步、孔洞钢盖板、厂房内上下水工程、防潮层及其他细部结构工程。

2. 表中综合指标仅包括基本直接费内容。

3. 改扩建工程及加固工程根据设计确定细部结构工程的工程量。

二、交通工程

交通工程概算按设计工程量乘以单价进行编制，也可根据工程所在地区造价指标或有关实际资料，采用扩大单位指标编制。

三、房屋建筑工程

1. 永久房屋建筑工程

（1）水利水电工程的永久房屋建筑单位造价指标可根据所在地同类工程造价水平确定。

（2）值班宿舍及文化福利建筑的投资按主体建筑工程投资的百分率计算。

枢纽工程　　0.5%～1.0%

其他水利工程　　0.3%～0.5%

投资小或工程位置偏远者取大值，反之取小值；灌溉田间工程原则上不计取该费用。

(3) 改建、改造、加固的水利水电工程的永久房屋建筑面积由设计单位根据有关规定结合工程建设需要确定。

2. 室外工程

室外工程投资按房屋建筑工程投资的15%～20%计算。

四、供电设施工程

供电设施工程根据设计的电压等级、线路架设方式及长度、变配电设施设备，采用工程所在地区造价指标或有关实际资料计算。

五、信息化与自动化系统设施工程

信息化与自动化系统设施工程根据设计要求确定项目内容并分析计算投资，也可采用工程所在地区造价指标计算。

工程安全监测系统投资应按设计资料计算；如无设计资料时，可根据坝型或工程型式，按照主体建筑工程投资的百分率计算。

当地材料坝　　0.9%～1.1%

混凝土坝、电站、泵站、水闸等建筑物　　1.1%～1.3%

堤防工程　　0.2%～0.3%

改扩建工程与加固工程按设计工程量乘以单价计算。

六、其他建筑工程

其他建筑工程概算应按设计要求列项，根据设计资料逐项分析计算，按设计工程量乘以单价或采用扩大单位指标编制。

第二部分　机电设备及安装工程

机电设备及安装工程投资由设备费和安装工程费两部分组成。

一、设备费

1. 设备原价

设备原价以出厂价或设计单位分析论证后的询价为设备原价。

2. 运杂费

运杂费按占设备原价的4%计算。

3. 运输保险费

运输保险费按有关规定计算。

4. 采购及保管费

采购及保管费按设备原价、运杂费之和的0.7%计算。

5. 运杂综合费率

运杂综合费率＝运杂费费率＋(1＋运杂费费率)×采购及保管费费率＋运输保险费费率

上述运杂综合费率，适用于计算国产设备运杂综合费。国产设备运杂综合费率乘以相应国产设备原价占进口设备原价的比例系数，即为进口设备的国内段运杂综合费率。

6. 交通工具购置费

交通工具购置费指建设项目的生产管理单位在运行初期必须配备的车辆和船只所需的费用。交通工具数量依据工程管理设计确定，设备价格根据市场情况结合国家有关政策确定。

二、安装工程费

安装工程费按设备数量乘以安装单价进行计算。不需要安装的设备不计安装工程费。

注意：输水管线各类阀门、管件及管道附件列入机电设备及安装工程中，其中各类阀门按照设备计列，管件及管道附件投资计入安装费。

第三部分　金属结构设备及安装工程

编制方法参照“第二部分 机电设备及安装工程”。

第四部分　施工临时工程

一、导流工程

导流工程投资按设计工程量乘以工程单价进行计算。

二、施工交通工程

施工交通工程投资按设计工程量乘以单价进行计算，也可根据工程所在地区造价指标或工程实际资料，采用扩大单位指标计算。

三、施工场外供电工程

施工场外供电工程投资根据设计的电压等级、线路架设方式及长度、变配电设施设备，采用工程所在地区造价指标或工程实际资料计算。

四、施工房屋建筑工程

1. 施工仓库

施工仓库的建筑面积由施工组织设计确定，单位造价指标根据当地相应建筑造价水平确定。

2. 办公、生活及文化福利建筑

办公、生活及文化福利建筑按第一至四部分建安工作量（不包括办公、生活及文化福利建筑和其他施工临时工程、施工专项工程、安全生产措施费、文明施工措施费）的1.5%～2.0%计算。投资额小的工程取大值，投资额大的工程取小值。

五、其他施工临时工程

其他施工临时工程按一至四部分建安工作量（不包括其他施工临时工程、施工专项工程、安全生产措施费、文明施工措施费）之和的百分率计算。

（1）枢纽工程为3%。

（2）其他水利工程为1%～3%。其中排水量小的、建筑物数量较少的河湖整治及引（调）水工程、灌溉田间工程取小值，建筑物数量较多的、排水量较大的河湖整治及引（调）水等工程取中值或大值。

（3）选用商品混凝土的工程，以上其他施工临时工程费率下调0.5%。

六、施工专项工程

根据工程实际需要，单独计列下列费用：

（1）施工现场标准化建设工程。按一至四部分建安工作量（不包括施工专项工程、安全生产措施费、文明施工措施费）之和的1%计算。

（2）施工管理信息系统。按设计工程量乘以单价进行计算，也可根据工程实际资料，采用造价指标计算。

（3）常态化疫情防控措施费。按一至四部分建安工作量（不包括施工专项工程、安全生产措施费、文明施工措施费）之和的

0.3%～0.5%计算。机械化程度比较高的工程取小值，反之取中值或大值。

（4）其他需要单独列项计算的施工专项工程，如施工期通航工程、施工期供水工程、施工期影响公路及铁路运行需采取的特殊防护等，按设计工程量乘以单价进行计算，也可根据工程实际资料采用造价指标计算。

七、安全生产措施费

安全生产措施费按一至四部分建安工作量（不包括安全生产措施费、文明施工措施费）之和的2.5%计算。

八、文明施工措施费

文明施工措施费按一至四部分建安工作量（不包括安全生产措施费、文明施工措施费）之和的0.5%计算。如果计列了施工专项工程中的施工现场标准化建设工程，则不计列该项费用。

第五部分　独立费用

一、建设单位管理费

建设单位管理费以一至四部分建安投资合计为计算基数，按表5-5所列超额累进费率计算。

表5-5　建设单位管理费费率表

序号	一至四部分建安工作量/万元	超额累进费率/%	辅助参数/万元
一	枢纽工程		
1	5000以内	3.50	
2	5000～10000	3.20	15.00

续表

序号	一至四部分建安工作量/万元	超额累进费率/%	辅助参数/万元
3	10000～50000	3.00	35.00
4	50000 以上	2.50	285.00
二	引（调）水工程		
1	5000 以内	3.00	
2	5000～10000	2.80	10.00
3	10000～50000	2.50	40.00
4	50000 以上	2.30	140.00
三	其他水利工程		
1	5000 以内	2.50	
2	5000～10000	2.30	10.00
3	10000～50000	2.10	30.00
4	50000 以上	1.90	130.00

注 1. 简化计算公式为：一至四部分建安工作量×该档超额累进费率＋辅助参数。

2. 不需要新组建建设单位的工程，按列表标准乘以系数 0.7 计算。

3. 实行代建制管理的项目，一般不得同时列支代建管理费和项目管理费，确需同时发生的，两项费用之和不得高于本规定的建设管理费限额。

二、经济技术服务费

经济技术服务费以一至四部分投资合计为计算基数，按表 5－6 所列该档投资区间费率计算。枢纽工程与建筑物数量较多、线路较长、施工条件较复杂的引（调）水工程取大值，其他工程取中值或小值。

表 5－6　　经济技术服务费费率表

序号	一至四部分投资/万元	费率/%
1	5000 以内	1.0～0.9
2	5000～10000	0.9～0.7

续表

序号	一至四部分投资/万元	费率/%
3	10000～50000	0.7～0.5
4	50000～100000	0.5～0.4
5	100000 以上	0.4～0.3

三、工程建设监理费

1. 施工监理费

施工监理费参照国家发展改革委、建设部《建设工程监理与相关服务收费管理规定》（发改价格〔2007〕670 号）及其他相关规定计取。详见附录 2。

2. 设备制造监理费

根据《水利工程建设监理规定》（中华人民共和国水利部令第 28 号），对水利工程的发电机组、水轮机组及其附属设施，以及闸门、压力钢管、拦污设备、起重设备等机电及金属结构设备生产制造过程中的质量、进度实行制造监理。详见附录 3。

设备制造监理费按相关设备费的 0.5%～0.8%计算。枢纽工程取大值，其他水利工程取中、小值。

四、生产准备费

1. 生产及管理单位提前进厂费

生产及管理单位提前进厂费按工程一至四部分建安工程量的 0.1%～0.3%计算。

改扩建工程与加固工程、堤防工程及河湖整治工程原则上不计此项费用。

2. 生产职工培训费

生产职工培训费按工程一至四部分建安工作量的 0.3%～

0.5%计算。

枢纽及引（调）水工程取大值，其他工程取小值。

3. 管理用具购置费

管理用具购置费按工程一至四部分建安工作量的0.05%～0.08%计算。

枢纽及引（调）水工程取大值，其他工程取中值或小值。

改扩建工程与加固工程原则上不计此项费用。若改扩建工程与加固工程中含有新建泵站、水闸等建筑物，按新建建筑物部分建安工作量的0.08%计算。

4. 工器具及生产家具购置费

工器具及生产家具购置费按占设备费的0.1%～0.2%计算。枢纽及引（调）水工程取小值，其他工程取中值或大值。

5. 联合试运转费

联合试运转费用指标见表5－7。

表5－7　　联合试运转费用指标表

水电站工程	单机容量/kW	≤100	≤200	≤300	≤400	≤500	≤1000	>1000
	费用/(万元/台)	1.50	2.50	3.00	3.20	3.50	6.00	8.00
大型泵站工程	装机容量/kW	50～60元/kW						
引（调）水工程、灌溉田间工程	建安工作量	0.015%～0.035%						

注　大中型工程取小值，小型工程取大值。

五、工程科学研究试验费

1. 工程科学研究试验费

工程科学研究试验费按一至四部分建安工作量的百分率计

算。其中：枢纽和引（调）水工程取0.5%，堤防工程、河湖整治工程取0.3%，灌溉田间工程不计取。

2. 工程勘测设计费

项目建议书、可行性研究阶段的报告编制费参照《国家计委关于印发〈建设项目前期工作咨询收费暂行规定〉的通知》（计价格〔1999〕1283号）与山东省物价局等转发《国家计委〈关于印发建设项目前期工作咨询收费暂行规定的通知〉的通知》（鲁价费发〔1999〕367号）计算，勘测设计费参照《国家发展改革委、建设部关于印发〈水利、水电、电力建设项目前期工作工程勘察收费暂行规定〉的通知》（发改价格〔2006〕1352号）计算。详见附录4～附录6。

初步设计、招标设计及施工图设计阶段的勘测设计费参照《国家计委、建设部关于发布〈工程勘察设计收费管理规定〉的通知》（计价格〔2002〕10号）计算。详见附录7。

水利水电工程建设项目采用BIM设计的，根据其应用阶段按照基本设计收费的10%另行计算BIM技术应用费用，并单独列示为BIM设计费。

六、其他

1. 工程质量检测费

工程质量检测费按一至四部分建安工作量的0.5%～1.0%计算。投资额小的工程及独立建筑物工程取大值或中值，投资额大的工程取小值。

2. 工程保险费

工程保险费按工程一至四部分投资合计的0.45%～0.50%计算。

3. 其他税费

其他税费按国家有关规定计取。

第四节　分年度投资

分年度投资是根据施工组织设计确定的施工进度和合理工期而计算出的工程各年度预计完成的投资额。

1. 建筑工程

（1）根据施工进度的安排，对主要工程按各单项工程分年度完成的工程量和相应的工程单价计算。对于其他工程，可根据施工进度，按各年所占完成投资的比例，摊入分年度投资表。

（2）建筑工程分年度投资的编制可视不同情况按项目划分列至一级项目或二级项目。

2. 设备及安装工程

根据施工组织设计确定的设备安装进度计算各年预计完成的设备费和安装费。

3. 独立费用

根据独立费用的性质和费用发生时段，按相应年度分别进行计算。

第五节　总概算编制

一、预备费

1. 基本预备费

基本预备费根据工程复杂程度、工程规模、施工年限和地质条件等不同情况，按工程一至五部分投资合计的百分率计算。

初步设计阶段为5.0%～6.0%。技术复杂、建设难度大的工程项目取大值，其他工程取中、小值。

2. 价差预备费

价差预备费根据施工年限，以分年度投资表的静态投资为计算基数，按国家有关部门发布的价格指数计算。

计算公式为

$$E = \sum_{n=1}^{N} F_n [(1+P)^n - 1]$$

式中 E——价差预备费；

N——合理建设工期；

n——施工年度；

F_n——建设期间分年度投资表内第 n 年的投资；

P——年价格指数。

二、建设期融资利息

计算公式为

$$S = \sum_{n=1}^{N} \left[\left(\sum_{m=1}^{n} F_m b_m - \frac{1}{2} F_n b_n \right) + \sum_{m=0}^{n-1} S_m \right] i$$

式中 S——建设期融资利息；

N——合理建设工期；

n——施工年度；

m——还息年度；

F_n、F_m——在建设期分年度投资表内第 n、m 年的投资；

b_n、b_m——各施工年份融资额占当年投资比例；

i——建设期融资利率；

S_m——第 m 年的付息额度。

三、静态总投资

工程一至五部分投资与基本预备费之和构成工程部分静态投资。

编制工程部分总概算表时，在第五部分独立费用之后，应顺序计列以下项目：

（1）一至五部分投资合计。

（2）基本预备费。

（3）静态投资。

工程部分、建设征地移民补偿、环境保护工程、水土保持工程、其他专项工程的静态投资之和构成静态总投资。

四、总投资

静态总投资、价差预备费、建设期融资利息之和构成总投资。

编制工程概算总表时，在工程投资总计中应顺序计列以下项目：

（1）静态总投资。

（2）价差预备费。

（3）建设期融资利息。

（4）总投资。

第六章 概 算 表 格

一、工程概算总表

工程概算总表是由工程部分的总概算表与专项部分的总概算表汇总并计算而成，见表 6－1。

表中Ⅰ为工程部分总概算表，按项目划分的五部分填表并列示至一级项目。

表中Ⅱ为专项部分总概算表，按照项目划分分列各项投资：一、建设征地移民补偿总概算表；二、环境保护工程总概算表；三、水土保持工程总概算表；四、其他专项工程投资。以上均列示至一级项目。

表中Ⅲ包括Ⅰ～Ⅱ项合计静态总投资、价差预备费、建设期融资利息、总投资。

表 6－1　　工 程 概 算 总 表　　单位：万元

序号	工程或费用名称	建安工程费	设备购置费	独立费用	合计
Ⅰ	工程部分投资				
	第一部分 建筑工程				
	第二部分 机电设备及安装工程				
	第三部分 金属结构设备及安装工程				
	第四部分 施工临时工程				
	第五部分 独立费用				
	一至五部分投资合计				

续表

序号	工程或费用名称	建安工程费	设备购置费	独立费用	合计
	基本预备费				
	静态投资				
Ⅱ	专项部分				
一	建设征地移民补偿投资				
(一)	农村部分补偿费				
(二)	城（集）镇部分补偿费				
(三)	工业企业迁建补偿费				
(四)	专业项目恢复改建补偿费				
(五)	防护工程费				
(六)	库底清理费				
(七)	其他费用				
	一至七项合计				
	基本预备费				
	有关税费				
	静态投资				
二	环境保护工程投资				
(一)	第一部分 环境保护措施				
(二)	第二部分 环境监测措施				
(三)	第三部分 环境保护仪器设备及安装				
(四)	第四部分 环境保护临时措施				
(五)	第五部分 环境保护独立费用				
	一至五部分合计				
	基本预备费				
	静态投资				

续表

序号	工程或费用名称	建安工程费	设备购置费	独立费用	合计
三	水土保持工程投资				
（一）	第一部分 工程措施				
（二）	第二部分 植物措施				
（三）	第三部分 施工临时工程				
（四）	第四部分 独立费用				
	一至四部分合计				
	基本预备费				
	水土保持设施补偿费				
	静态投资				
四	其他专项工程投资				
	静态投资				
Ⅲ	工程投资总计（Ⅰ～Ⅱ合计）				
	静态总投资				
	价差预备费				
	建设期融资利息				
	总投资				

二、工程部分概算表

工程部分概算表包括工程部分总概算表、建筑工程概算表、设备及安装工程概算表、分年度投资表，见表6－2～表6－5。

1．工程部分总概算表

按项目划分的五部分填表并列至一级项目。五部分之后的内容为：一至五部分投资合计、基本预备费、静态投资。

表 6－2　　**工程部分总概算表**　　单位：万元

序号	工程或费用名称	建安工程费	设备购置费	独立费用	合计	占一至五部分投资/%
	各部分投资					
	一至五部分投资合计					
	基本预备费					
	静态投资					

2. 建筑工程概算表

按项目划分列至三级项目。

本表适用于编制建筑工程概算、施工临时工程概算、独立费用概算。

表 6－3　　**建筑工程概算表**

序号	工程或费用名称	单位	数量	单价/元	合计/万元

3. 设备及安装工程概算表

按项目划分列至三级项目。

本表适用于编制机电设备及安装工程概算、金属结构设备及安装工程概算。

表 6－4　　**设备及安装工程概算表**

序号	工程或费用名称	单位	数量	单价/元		合计/万元		
				设备费	安装费	设备费	安装费	小计

4. 分年度投资表

按下表编制分年度投资，可视不同情况按项目划分列至一级项目或二级项目。

表 6-5　　　　　　　　　分年度投资表　　　　　　　　　单位：万元

序号	工程或费用名称	投资合计	建设工期/年					
			第 1 年	第 2 年	第 3 年	第 4 年	第 5 年	…
一	建筑工程							
1	建筑工程							
	××工程（一级项目）							
2	施工临时工程							
	××工程（一级项目）							
二	安装工程							
1	机电设备安装工程							
	××工程（一级项目）							
2	金属结构设备安装工程							
	××工程（一级项目）							
三	设备购置							
1	机电设备							
	××设备							
2	金属结构设备							
	××设备							
四	独立费用							
1	建设管理费							
2	经济技术服务费							
3	工程建设监理费							
4	生产准备费							
5	科研勘测设计费							
6	其他							
	一至四部分合计							
	基本预备费							
	静态投资							

三、工程部分概算附表

工程部分概算附表包括建筑工程单价汇总表、安装工程单价汇总表、主要材料预算价格汇总表、次要材料预算价格汇总表、施工机械台班费汇总表、主要工程量汇总表、工日及主要材料数量汇总表，见表6-6～表6-12。

1. 建筑工程单价汇总表

表6-6　　建筑工程单价汇总表

序号	名称	单位	单价/元	其中								
				人工费	材料费	机械使用费	其他直接费	间接费	利润	材料价差	未计价装置性材料费	税金

2. 安装工程单价汇总表

表6-7　　安装工程单价汇总表

序号	名称	单位	单价/元	其中								
				人工费	材料费	机械使用费	其他直接费	间接费	利润	材料价差	未计价装置性材料费	税金

3. 主要材料预算价格汇总表

表6-8　　主要材料预算价格汇总表

序号	名称及规格	单位	预算价格/元	预算价格构成/元				
				原价（含税价）	原价（除税价）	运杂费	运输保险费	采购及保管费

4. 次要材料预算价格汇总表

表 6-9　　次要材料预算价格汇总表

序号	名称及规格	单位	含税价/元	预算价格/元

5. 施工机械台班费汇总表

表 6-10　　施工机械台班费汇总表

序号	名称及规格	台班费/元	其中				
			折旧费	修理和替换设备费	安拆费	人工费	动力燃料费

6. 主要工程量汇总表

表 6-11　　主要工程量汇总表

序号	项目名称	土方开挖/m^3	石方开挖/m^3	土石方填筑/m^3	砌筑/m^3	混凝土/m^3	钢筋制安/t	帷幕灌浆/m	固结灌浆/m

注　表中统计的工程量类别可根据工程实际情况调整。

7. 工日及主要材料数量汇总表

表 6-12　　工日及主要材料数量汇总表

序号	项目名称	人工/工日	柴油/t	汽油/t	水泥/t	钢筋 t	炸药/t	砂/m^3	碎石/m^3	块石/m^3	管材/km

注　表中统计的主要材料种类可根据工程实际情况调整。

四、工程部分概算附件附表

工程部分概算附件附表包括：主要材料预算价格计算表，施工用电、水、风预算价格计算书，混凝土及砂浆材料单价计算表，建筑工程单价表，安装工程单价表，独立费用计算书，价差预备费计算书，建设期融资利息计算书，主要技术经济指标表，见表6－13～表6－16。

1. 主要材料预算价格计算表

表6－13　　主要材料预算价格计算表

序号	名称及规格	单位	毛重/t	产地	运距/km	运费/[元/(t·km)]	运杂费/元			运到工地价格/元				采购保管费/元	运输保险费/元	预算价格/元
							运输费	装卸费	小计	原价（含税价）	原价（除税价）	运杂费	合计			

2. 混凝土及砂浆材料单价计算表

表6－14　　混凝土及砂浆材料单价计算表

序号	名称及规格	级配	水泥		砂		碎石		水		外加剂		合价/元
			数量/kg	单价/元	数量/m^3	单价/元	数量/m^3	单价/元	数量/m^3	单价/元	数量/kg	单价/元	

注　1.“名称及规格”栏应标明混凝土或砂浆的标号及级配、水泥强度等级。

2. 表中“外加剂”栏应根据工程实际情况选用。

3. 建筑工程单价表

表 6-15　　建筑工程单价表

名称		编号	
定额编号		定额单位	

工作内容：

编号	名称及规格	单位	数量	单价/元	合计/元
一	直接费				
(一)	基本直接费				
	…				
(二)	其他直接费	%			
二	间接费	%			
三	利润	%			
四	材料价差				
	…				
五	未计价装置性材料费				
	…				
六	税金	%			
七	概算扩大	%			
合计					

注　1. “材料价差”栏应逐项列示柴油、汽油、钢筋、水泥、砂石料、商品混凝土、炸药等材料补差数量、单价与合计，并计算价差合计。

2. “未计价装置性材料费”栏应逐项列示钢管、预应力混凝土管、预应力钢筒混凝土管、球磨铸铁管等未计价装置性材料费数量、单价与合计，并计算未计价装置性材料费合计。

4. 安装工程单价表

表 6-16　　安装工程单价表

名称		编号	
定额编号		定额单位	

工作内容：

编号	名称及规格	单位	数量	单价/元	合计/元
一	直接费				
（一）	基本直接费				
	…				
（二）	其他直接费				
二	间接费				
三	利润				
四	材料价差				
	…				
五	未计价装置性材料费				
	…				
六	税金				
七	概算扩大	%			
合计					

注　1. “材料价差”栏应逐项列示柴油、汽油等材料补差数量、单价与合计，并计算价差合计。

2. “未计价装置性材料费”栏应逐项列示钢轨、鱼尾板、钢垫板、压板、电缆、电缆管、铁构件等未计价装置性材料费数量、单价与合计，并计算未计价装置性材料费合计。

5. 主要技术经济指标表

本表可根据工程具体情况进行编制，反映出主要技术经济指标即可。

第二篇　投 资 估 算

第一章　综　　述

投资估算是项目建议书和可行性研究报告的重要组成部分。

投资估算与初步设计概算在组成内容、项目划分和费用构成上基本相同，但两者设计深度不同，可根据《水利水电工程项目建议书编制规程》《水利水电工程可行性研究报告编制规程》等规范要求的设计深度，以及工程项目情况，对初步设计概算编制规定中部分内容进行适当简化、合并或调整。

第二章　编制方法及计算标准

一、基础单价

基础单价编制与设计概算相同。

二、建筑、安装工程单价

投资估算建筑、安装工程单价编制与设计概算相同。采用预算定额编制工程估算单价，考虑到投资估算工作的深度和精度以及施工中允许的超挖量、超填量、合理的施工附加量等合理消耗量，估算单价乘以10%扩大系数。

三、分部工程估算编制

1. 建筑工程

（1）主体建筑工程、交通工程、房屋建筑工程、供电设施工程和信息化与自动化系统设施工程的编制方法与设计概算基本相同。

（2）其他建筑工程。根据工程项目计算，也可根据工程具体情况和规模按主体建筑工程投资的1%～3%计算。

2. 机电设备及安装工程

（1）主要机电设备及安装工程。编制方法基本与设计概算相同。

（2）其他机电设备及安装工程。原则上根据工程项目计算投资，若设计深度不满足要求，可按主要机电设备费的百分率计算或根据装机规模按单位造价指标计算。

(3) 交通工具购置费。编制方法基本与设计概算相同。

3. 金属结构设备及安装工程

编制方法基本与设计概算相同。

4. 施工临时工程

编制方法及计算标准与设计概算相同。

5. 独立费用

编制方法及计算标准与设计概算相同。

四、分年度投资

编制方法及计算标准与设计概算相同。

五、总投资估算编制

可行性研究投资估算基本预备费率取 10%；项目建议书阶段基本预备费率取 15%。价差预备费、建设期融资利息编制方法与设计概算相同。

六、估算表格

工程部分投资估算表格参照设计概算格式。

第三章　估算文件组成内容

估算文件包括投资估算正件（投资估算报告）、投资估算附件，参考设计概算文件组成内容。

第三篇　投 资 匡 算

一、综述

投资匡算是工程规划报告的组成部分。

投资匡算与投资估算在组成内容、项目划分和费用构成上基本相同，可以根据工作深度对投资匡算进行适当简化、合并或调整。

二、编制方法及计算标准

1. 基础单价

基础单价编制可参照投资估算。

2. 建筑、安装工程单价

主要建筑、安装工程单价编制方法可参照投资估算，也可以根据类似工程项目的单价水平确定。

3. 分部工程匡算

主体工程的匡算编制方法可参照投资估算，可以根据工作深度采用设计工程量乘以工程单价的方式匡算投资，也可以采用扩大单位指标方式匡算投资。

其他工程可视工程具体情况和规模，采用相应方法匡算工程投资。

4. 基本预备费、静态总投资

规划阶段基本预备费率取20%。

投资匡算可计算至静态总投资。

三、投资匡算表格

参照投资估算表格格式，可适当简化。

附　　录

附录 1

水利水电工程等级划分标准

根据 SL 252—2017《水利水电工程等级划分及洪水标准》，汇总工程等别、建筑物级别划分标准如下。若规范有变化，应进行相应调整。

一、水利水电工程等别

水利水电工程的等别应根据其工程规模、效益和在经济社会中的重要性，按附表 1 确定。

附表 1　　水利水电工程分等指标

工程等别	工程规模	水库总库容/$10^8 m^3$	防洪			治涝	灌溉	供水		发电
			保护人口/10^4人	保护农田面积/10^4亩	保护区当量经济规模/10^4人	治涝面积/10^4亩	灌溉面积/10^4亩	供水对象重要性	年引水量/$10^8 m^3$	发电装机容量/MW
Ⅰ	大(1)型	≥10	≥150	≥500	≥300	≥200	≥150	特别重要	≥10	≥1200
Ⅱ	大(2)型	<10，≥1.0	<150，≥50	<500，≥100	<300，≥100	<200，≥60	<150，≥50	重要	<10，≥3	<1200，≥300
Ⅲ	中型	<1.0，≥0.10	<50，≥20	<100，≥30	<100，≥40	<60，≥15	<50，≥5	比较重要	<3，≥1	<300，≥50
Ⅳ	小(1)型	<0.10，≥0.01	<20，≥5	<30，≥5	<40，≥10	<15，≥3	<5，≥0.5	一般	<1，≥0.3	<50，≥10
Ⅴ	小(2)型	<0.01，≥0.001	<5	<5	<10	<3	<0.5	一般	<0.3	<10

对综合利用的水利水电工程，当按各综合利用项目的分等指标确定的等别不同时，其工程等别应按其中最高等别确定。

二、拦河水闸

拦河闸永久性水工建筑物的级别，应根据其所属工程的等别，按附表 2 确定。

拦河闸永久性水工建筑物为 2 级、3 级，其校核洪水过闸流量分别大于 5000m^3/s、1000m^3/s 时，其建筑物级别可提高一级。

附表 2　　拦河水闸永久性水工建筑物级别

工程等别	主要建筑物	次要建筑物
Ⅰ	1	3
Ⅱ	2	3
Ⅲ	3	4
Ⅳ	4	5
Ⅴ	5	5

三、泵站

（1）灌溉、治涝、排水工程中的泵站永久性水工建筑物级别，应根据设计流量与装机功率，按附表 3 确定。

附表 3　　灌溉、治涝、排水工程泵站永久性水工建筑物级别

设计流量/（m^3/s）	装机功率/MW	主要建筑物	次要建筑物
≥200	≥30	1	3
＜200，≥50	＜30，≥10	2	3
＜50，≥10	＜10，≥1	3	4
＜10，≥2	＜1，≥0.1	4	5
＜2	＜0.1	5	5

注　1. 设计流量指建筑物所在断面的设计流量。

2. 装机功率指泵站包括备用机组在内的单站装机功率。

3. 当泵站按分级指标分属两个不同级别时，按其中高者确定。

4. 由连续多级泵站串联组成的泵站系统，其级别可按系统总装机功率确定。

（2）供水工程中的泵站永久性水工建筑物级别，应根据设计流量与装机功率，按附表 4 确定。

附表 4　　　　供水工程泵站永久性水工建筑物级别

设计流量/(m^3/s)	装机功率/MW	主要建筑物	次要建筑物
≥50	≥30	1	3
<50，≥10	<30，≥10	2	3
<10，≥3	<10，≥1	3	4
<3，≥1	<1，≥0.1	4	5
<1	<0.1	5	5

注　1. 设计流量指建筑物所在断面的设计流量。
2. 装机功率指泵站包括备用机组在内的单站装机功率。
3. 当泵站按分级指标分属两个不同级别时，按其中高者确定。
4. 由连续多级泵站串联组成的泵站系统，其级别可按系统总装机功率确定。

四、治涝、排水工程

（1）治涝、排水工程中的排水渠（沟）工程永久性水工建筑物级别，应根据设计流量，按附表 5 确定。

附表 5　　　　排水渠（沟）永久性水工建筑物级别

设计流量/(m^3/s)	主要建筑物	次要建筑物
≥500	1	3
<500，≥200	2	3
<200，≥50	3	4
<50，≥10	4	5
<10	5	5

（2）治涝、排水工程中的水闸、渡槽、倒虹吸、管道、涵洞、隧洞、跌水与陡坡等永久性水工建筑物级别，应根据设计流量，按附表 6 确定。

附表 6　　排水渠系永久性水工建筑物级别

设计流量/(m^3/s)	主要建筑物	次要建筑物
≥300	1	3
<300，≥100	2	3
<100，≥20	3	4
<20，≥5	4	5
<5	5	5

五、灌溉工程

灌溉工程中的渠道及渠系永久性水工建筑物级别，应根据设计灌溉流量，按附表 7 确定。

附表 7　　灌溉工程永久性水工建筑物级别

设计流量/(m^3/s)	主要建筑物	次要建筑物
≥300	1	3
<300，≥100	2	3
<100，≥20	3	4
<20，≥5	4	5
<5	5	5

附录 2

国家发展改革委、建设部关于印发《建设工程监理与相关服务收费管理规定》的通知

发改价格〔2007〕670 号

国务院有关部门，各省、自治区、直辖市发展改革委、物价局、建设厅（委）：

为规范建设工程监理及相关服务收费行为，维护委托双方合法权益，促进工程监理行业健康发展，我们制定了《建设工程监理与相关服务收费管理规定》，现印发给你们，自 2007 年 5 月 1 日起执行。原国家物价局、建设部下发的《关于发布工程建设监理费有关规定的通知》（〔1992〕价费字 479 号）自本规定生效之日起废止。

附：建设工程监理与相关服务收费管理规定

国家发展改革委　建设部

二〇〇七年三月三十日

主题词：工程　监理　收费　通知

附：

建设工程监理与相关服务收费管理规定

第一条　为规范建设工程监理与相关服务收费行为，维护发包人和监理人的合法权益，根据《中华人民共和国价格法》及有

关法律、法规，制定本规定。

第二条 建设工程监理与相关服务，应当遵循公开、公平、公正、自愿和诚实信用的原则。依法须招标的建设工程，应通过招标方式确定监理人。监理服务招标应优先考虑监理单位的资信程度、监理方案的优劣等技术因素。

第三条 发包人和监理人应当遵守国家有关价格法律法规的规定，接受政府价格主管部门的监督、管理。

第四条 建设工程监理与相关服务收费根据建设项目性质不同情况，分别实行政府指导价或市场调节价。依法必须实行监理的建设工程施工阶段的监理收费实行政府指导价；其他建设工程施工阶段的监理收费和其他阶段的监理与相关服务收费实行市场调节价。

第五条 实行政府指导价的建设工程施工阶段监理收费，其基准价根据《建设工程监理与相关服务收费标准》计算，浮动幅度为上下20%。发包人和监理人应当根据建设工程的实际情况在规定的浮动幅度内协商确定收费额。实行市场调节价的建设工程监理与相关服务收费，由发包人和监理人协商确定收费额。

第六条 建设工程监理与相关服务收费，应当体现优质优价的原则。在保证工程质量的前提下，由于监理人提供的监理与相关服务节省投资，缩短工期，取得显著经济效益的，发包人可根据合同约定奖励监理人。

第七条 监理人应当按照《关于商品和服务实行明码标价的规定》，告知发包人有关服务项目、服务内容、服务质量、收费依据，以及收费标准。

第八条 建设工程监理与相关服务的内容、质量要求和相应的收费金额以及支付方式，由发包人和监理人在监理与相关服务合同中约定。

第九条 监理人提供的监理与相关服务，应当符合国家有关法律、法规和标准规范，满足合同约定的服务内容和质量等要求。监理人不得违反标准规范规定或合同约定，通过降低服务质量、减少服务内容等手段进行恶性竞争，扰乱正常市场秩序。

第十条 由于非监理人原因造成建设工程监理与相关服务工作量增加或减少的，发包人应当按合同约定与监理人协商另行支付或扣减相应的监理与相关服务费用。

第十一条 由于监理人原因造成监理与相关服务工作量增加的，发包人不另行支付监理与相关服务费用。

监理人提供的监理与相关服务不符合国家有关法律、法规和标准规范的，提供的监理服务人员、执业水平和服务时间未达到监理工作要求的，不能满足合同约定的服务内容和质量等要求的，发包人可按合同约定扣减相应的监理与相关服务费用。

由于监理人工作失误给发包人造成经济损失的，监理人应当按照合同约定依法承担相应赔偿责任。

第十二条 违反本规定和国家有关价格法律、法规规定的，由政府价格主管部门依据《中华人民共和国价格法》、《价格违法行为行政处罚规定》予以处罚。

第十三条 本规定及所附《建设工程监理与相关服务收费标准》，由国家发展改革委会同建设部负责解释。

第十四条 本规定自 2007 年 5 月 1 日起施行，规定生效之日前已签订服务合同及在建项目的相关收费不再调整。原国家物价局与建设部联合发布的《关于发布工程建设监理费有关规定的通知》（〔1992〕价费字 479 号）同时废止。国务院有关部门及各地制定的相关规定与本规定相抵触的，以本规定为准。

附件：建设工程监理与相关服务收费标准

附件：

建设工程监理与相关服务收费标准（摘录）

1　总则

1.0.1　建设工程监理与相关服务是指监理人接受发包人的委托，提供建设工程施工阶段的质量、进度、费用控制管理和安全生产监督管理、合同、信息等方面协调管理服务，以及勘察、设计、保修等阶段的相关服务。各阶段的工作内容见《建设工程监理与相关服务的主要工作内容》（附表一）。

1.0.2　建设工程监理与相关服务收费包括建设工程施工阶段的工程监理（以下简称“施工监理”）服务收费和勘察、设计、保修等阶段的相关服务（以下简称“其他阶段的相关服务”）收费。

1.0.3　铁路、水运、公路、水电、水库工程的施工监理服务收费按建筑安装工程费分档定额计费方式计算收费。其他工程的施工监理服务收费按照建设项目工程概算投资额分档定额计费方式计算收费。

1.0.4　其他阶段的相关服务收费一般按相关服务工作所需工日和《建设工程监理与相关服务人员人工日费用标准》（附表四）收费。

1.0.5　施工监理服务收费按照下列公式计算：

（1）施工监理服务收费＝施工监理服务收费基准价×（1±浮动幅度值）

（2）施工监理服务收费基准价＝施工监理服务收费基价×专业调整系数×工程复杂程度调整系数×高程调整系数

1.0.6　施工监理服务收费基价

施工监理服务收费基价是完成国家法律法规、规范规定的施工阶段监理基本服务内容的价格。施工监理服务收费基价按《施工监理服务收费基价表》（附表二）确定，计费额处于两个数值区间的，采用直线内插法确定施工监理服务收费基价。

1.0.7 施工监理服务收费基准价

施工监理服务收费基准价是按照本收费标准规定的基价和1.0.5（2）计算出的施工监理服务基准收费额。发包人与监理人根据项目的实际情况，在规定的浮动幅度范围内协商确定施工监理服务收费合同额。

1.0.8 施工监理服务收费的计费额

施工监理服务收费以建设项目工程概算投资额分档定额计费方式收费的，其计费额为工程概算中的建筑安装工程费、设备购置费和联合试运转费之和，即工程概算投资额。对设备购置费和联合试运转费占工程概算投资额40%以上的工程项目，其建筑安装工程费全部计入计费额，设备购置费和联合试运转费按40%的比例计入计费额。但其计费额不应小于建筑安装工程费与其相同且设备购置费和联合试运转费等于工程概算投资额40%的工程项目的计费额。

工程中有利用原有设备并进行安装调试服务的，以签订工程监理合同时同类设备的当期价格作为施工监理服务收费的计费额；工程中有缓配设备的，应扣除签订工程监理合同时同类设备的当期价格作为施工监理服务收费的计费额；工程中有引进设备的，按照购进设备的离岸价格折换成人民币作为施工监理服务收费的计费额。

施工监理服务收费以建筑安装工程费分档定额计费方式收费的，其计费额为工程概算中的建筑安装工程费。

作为施工监理服务收费计费额的建设项目工程概算投资额或建筑安装工程费均指每个监理合同中约定的工程项目范围的投资额。

1.0.9 施工监理服务收费调整系数

施工监理服务收费调整系数包括：专业调整系数、工程复杂程度调整系数和高程调整系数。

（1）专业调整系数是对不同专业建设工程的施工监理工作复杂程度和工作量差异进行调整的系数。计算施工监理服务收费时，专业调整系数在《施工监理服务收费专业调整系数表》（水利电力工程）（附表三）中查找确定。

（2）工程复杂程度调整系数是对同一专业建设工程的施工监理复杂程度和工作量差异进行调整的系数。工程复杂程度分为一般、较复杂和复杂三个等级，其调整系数分别为：一般（Ⅰ级）0.85；较复杂（Ⅱ级）1.0；复杂（Ⅲ级）1.15。计算施工监理服务收费时，工程复杂程度在相应章节的《工程复杂程度表》中查找确定。

（3）高程调整系数如下：

海拔高程2001m以下的为1；

海拔高程2001～3000m为1.1；

海拔高程3001～3500m为1.2；

海拔高程3501～4000m为1.3；

海拔高程4001m以上的，高程调整系数由发包人和监理人协商确定。

1.0.10 发包人将施工监理服务中的某一部分工作单独发包给监理人，按照其占施工监理服务工作量的比例计算施工监理服务收费，其中质量控制和安全生产监督管理服务收费不宜低于施工监理服务收费额的70％。

1.0.11 建设工程项目施工监理服务由两个或者两个以上监理人承担的，各监理人按照其占施工监理服务工作量的比例计算施工监理服务收费。发包人委托其中一个监理人对建设工程项目施工监理服务总负责的，该监理人按照各监理人合计监理服务收费额的4％～6％向发包人收取总体协调费。

1.0.12 本收费标准不包括本总则1.0.1以外的其他服务收

费。其他服务收费，国家有规定的，从其规定；国家没有规定的，由发包人与监理人协商确定。

5 水利电力工程

5.1 水利电力工程范围

适用于水利、发电、送电、变电、核能工程。

5.2 水利电力工程复杂程度

5.2.1 水利、发电、送电、变电、核能工程

表 5.2-1 水利、发电、送电、变电、核能工程复杂程度表

等级	工程特征
Ⅰ级	1. 单机容量 200MW 及以下凝汽式机组发电工程，燃气轮机发电工程，50MW 及以下供热机组发电工程； 2. 电压等级 220kV 及以下的送电、变电工程； 3. 最大坝高＜70m，边坡高度＜50m，基础处理深度＜20m 的水库水电工程； 4. 施工明渠导流建筑物与土石围堰； 5. 总装机容量＜50MW 的水电工程； 6. 单洞长度＜1km 的隧洞； 7. 无特殊环保要求。
Ⅱ级	1. 单机容量 300MW～600MW 凝汽式机组发电工程，单机容量 50MW 以上供热机组发电工程，新能源发电工程（可再生能源、风电、潮汐等）； 2. 电压等级 330kV 的送电、变电工程； 3. 70m≤最大坝高＜100m 或 1000 万 m^3≤库容＜1 亿 m^3 的水库水电工程； 4. 地下洞室的跨度＜15m，50m≤边坡高度＜100m，20m≤基础处理深度＜40m 的水库水电工程； 5. 施工隧洞导流建筑物（洞径＜10m）或混凝土围堰（最大堰高＜20m）； 6. 50MW≤总装机容量＜1000MW 的水电工程； 7. 1km≤单洞长度＜4km 的隧洞； 8. 工程位于省级重点环境（生态）保护区内，或毗邻省级重点环境（生态）保护区，有较高的环保要求。

续表

等级	工　程　特　征
Ⅲ级	1. 单机容量600MW及以上凝汽式机组发电工程； 2. 换流站工程，电压等级≥500kV送电、变电工程； 3. 核能工程； 4. 最大坝高≥100m或库容≥1亿m^3的水库水电工程； 5. 地下洞室的跨度≥15m，边坡高度≥100m，基础处理深度≥40m的水库水电工程； 6. 施工隧洞导流建筑物（洞径≥10m）或混凝土围堰（最大堰高≥20m）； 7. 总装机容量≥1000MW的水库水电工程； 8. 单洞长度≥4km的水工隧洞； 9. 工程位于国家级重点环境（生态）保护区内，或毗邻国家级重点环境（生态）保护区，有特殊的环保要求。

5.2.2　其他水利工程

表5.2-2　　其他水利工程复杂程度表

等级	工　程　特　征
Ⅰ级	1. 流量<15m^3/s的引调水渠道管线工程； 2. 堤防等级Ⅴ级的河道治理建（构）筑物及河道堤防工程； 3. 灌区田间工程； 4. 水土保持工程。
Ⅱ级	1. 15m^3/s≤流量<25m^3/s引调水渠道管线工程； 2. 引调水工程中的建筑物工程； 3. 丘陵、山区、沙漠地区的引调水渠道管线工程； 4. 堤防等级Ⅲ、Ⅳ级的河道治理建（构）筑物及河道堤防工程。
Ⅲ级	1. 流量≥25m^3/s的引调水渠道管线工程； 2. 丘陵、山区、沙漠地区的引调水建筑物工程； 3. 堤防等级Ⅰ、Ⅱ级的河道治理建（构）筑物及河道堤防工程； 4. 护岸、防波堤、围堰、人工岛、围垦工程，城镇防洪、河口整治工程。

9 附表

附表一　　　建设工程监理与相关服务的主要工作内容

服务阶段	主要工作内容	备注
勘察阶段	协助发包人编制勘察要求、选择勘察单位，核查勘察方案并监督实施和进行相应的控制，参与验收勘察成果。	建设工程勘察、设计、施工、保修等阶段监理与相关服务的具体工作内容执行国家、行业有关规范、规定。
设计阶段	协助发包人编制设计要求、选择设计单位，组织评选设计方案，对各设计单位进行协调管理，监督合同履行，审查设计进度计划并监督实施，核查设计大纲和设计深度、使用技术规范合理性，提出设计评估报告（包括各阶段设计的核查意见和优化建议），协助审核设计概算。	
施工阶段	施工过程中的质量、进度、费用控制，安全生产监督管理、合同、信息等方面的协调管理。	
保修阶段	检查和记录工程质量缺陷，对缺陷原因进行调查分析并确定责任归属，审核修复方案，监督修复过程并验收，审核修复费用。	

附表二　　　施工监理服务收费基价表　　　单位：万元

序号	计费额	收费基价	序号	计费额	收费基价
1	500	16.5	7	20000	393.4
2	1000	30.1	8	40000	708.2
3	3000	78.1	9	60000	991.4
4	5000	120.8	10	80000	1255.8
5	8000	181.0	11	100000	1507.0
6	10000	218.6	12	200000	2712.5

续表

序号	计费额	收费基价	序号	计费额	收费基价
13	400000	4882.6	15	800000	8658.4
14	600000	6835.6	16	1000000	10390.1

注 计费额大于1000000万元的，以计费额乘以1.039%的收费率计算收费基价。其他未包含的其收费由双方协商议定。

附表三 施工监理服务收费专业调整系数表（水利电力工程）

工程类型	专业调整系数
风力发电、其他水利工程	0.9
火电工程、送变电工程	1.0
核能、水电、水库工程	1.2

附表四 建设工程监理与相关服务人员人工日费用标准

建设工程监理与相关服务人员职级	工日费用标准/元
一、高级专家	1000～1200
二、高级专业技术职称的监理与相关服务人员	800～1000
三、中级专业技术职称的监理与相关服务人员	600～800
四、初级及以下专业技术职称监理与相关服务人员	300～600

注 本表适用于提供短期服务的人工费用标准。

附录 3

中华人民共和国水利部令
《水利工程建设监理规定》

中华人民共和国水利部令

第 28 号

《水利工程建设监理规定》已经 2006 年 11 月 9 日水利部部务会议审议通过，现予公布，自 2007 年 2 月 1 日起施行。

部长　汪恕诚

二〇〇六年十二月十八日

水利工程建设监理规定

第一章　总　　则

第一条　为规范水利工程建设监理活动，确保工程建设质量，根据《中华人民共和国招标投标法》《建设工程质量管理条例》《建设工程安全生产管理条例》等法律法规，结合水利工程建设实际，制定本规定。

第二条　从事水利工程建设监理以及对水利工程建设监理实施监督管理，适用本规定。

本规定所称水利工程是指防洪、排涝、灌溉、水力发电、引（供）水、滩涂治理、水土保持、水资源保护等各类工程（包括新建、扩建、改建、加固、修复、拆除等项目）及其配套和附属工程。

本规定所称水利工程建设监理，是指具有相应资质的水利工程建设监理单位（以下简称监理单位），受项目法人（建设单位，下同）委托，按照监理合同对水利工程建设项目实施中的质量、进度、资金、安全生产、环境保护等进行的管理活动，包括水利工程施工监理、水土保持工程施工监理、机电及金属结构设备制造监理、水利工程建设环境保护监理。

第三条 水利工程建设项目依法实行建设监理。

总投资 200 万元以上且符合下列条件之一的水利工程建设项目，必须实行建设监理：

（一）关系社会公共利益或者公共安全的；

（二）使用国有资金投资或者国家融资的；

（三）使用外国政府或者国际组织贷款、援助资金的。

铁路、公路、城镇建设、矿山、电力、石油天然气、建材等开发建设项目的配套水土保持工程，符合前款规定条件的，应当按照本规定开展水土保持工程施工监理。

其他水利工程建设项目可以参照本规定执行。

第四条 水利部对全国水利工程建设监理实施统一监督管理。

水利部所属流域管理机构（以下简称流域管理机构）和县级以上地方人民政府水行政主管部门对其所管辖的水利工程建设监理实施监督管理。

第二章 监理业务委托与承接

第五条 按照本规定必须实施建设监理的水利工程建设项目，项目法人应当按照水利工程建设项目招标投标管理的规定，确定具有相应资质的监理单位，并报项目主管部门备案。

项目法人和监理单位应当依法签订监理合同。

第六条 项目法人委托监理业务，应当执行国家规定的工程监理收费标准。

项目法人及其工作人员不得索取、收受监理单位的财物或者其他不正当利益。

第七条 监理单位应当按照水利部的规定，取得《水利工程建设监理单位资质等级证书》，并在其资质等级许可的范围内承揽水利工程建设监理业务。

两个以上具有资质的监理单位，可以组成一个联合体承接监理业务。联合体各方应当签订协议，明确各方拟承担的工作和责任，并将协议提交项目法人。联合体的资质等级，按照同一专业内资质等级较低的一方确定。联合体中标的，联合体各方应当共同与项目法人签订监理合同，就中标项目向项目法人承担连带责任。

第八条 监理单位与被监理单位以及建筑材料、建筑构配件和设备供应单位有隶属关系或者其他利害关系的，不得承担该项工程的建设监理业务。

监理单位不得以串通、欺诈、胁迫、贿赂等不正当竞争手段承揽水利工程建设监理业务。

第九条 监理单位不得允许其他单位或者个人以本单位名义承揽水利工程建设监理业务。

监理单位不得转让监理业务。

第三章 监理业务实施

第十条 监理单位应当聘用具有相应资格的监理人员从事水利工程建设监理业务。监理人员包括总监理工程师、监理工程师和监理员。监理人员资格应当按照行业自律管理的规定取得。

监理工程师应当由其聘用监理单位（以下简称注册监理单位）报水利部注册备案，并在其注册监理单位从事监理业务；需要临时到其他监理单位从事监理业务的，应当由该监理单位与注册监理单位签订协议，明确监理责任等有关事宜。

监理人员应当保守执（从）业秘密，并不得同时在两个以上水利工程项目从事监理业务，不得与被监理单位以及建筑材料、建筑构配件和设备供应单位发生经济利益关系。

第十一条 监理单位应当按下列程序实施建设监理：

（一）按照监理合同，选派满足监理工作要求的总监理工程师、监理工程师和监理员组建项目监理机构，进驻现场；

（二）编制监理规划，明确项目监理机构的工作范围、内容、目标和依据，确定监理工作制度、程序、方法和措施，并报项目法人备案；

（三）按照工程建设进度计划，分专业编制监理实施细则；

（四）按照监理规划和监理实施细则开展监理工作，编制并提交监理报告；

（五）监理业务完成后，按照监理合同向项目法人提交监理工作报告、移交档案资料。

第十二条 水利工程建设监理实行总监理工程师负责制。

总监理工程师负责全面履行监理合同约定的监理单位职责，发布有关指令，签署监理文件，协调有关各方之间的关系。

监理工程师在总监理工程师授权范围内开展监理工作，具体负责所承担的监理工作，并对总监理工程师负责。

监理员在监理工程师或者总监理工程师授权范围内从事监理辅助工作。

第十三条 监理单位应当将项目监理机构及其人员名单、监理工程师和监理员的授权范围书面通知被监理单位。监理实施期间监理人员有变化的，应当及时通知被监理单位。

监理单位更换总监理工程师和其他主要监理人员的，应当符合监理合同的约定。

第十四条 监理单位应当按照监理合同，组织设计单位等进行现场设计交底，核查并签发施工图。未经总监理工程师签字的施工图不得用于施工。

监理单位不得修改工程设计文件。

第十五条 监理单位应当按照监理规范的要求，采取旁站、巡视、跟踪检测和平行检测等方式实施监理，发现问题应当及时纠正、报告。

监理单位不得与项目法人或者被监理单位串通，弄虚作假、降低工程或者设备质量。

监理人员不得将质量检测或者检验不合格的建设工程、建筑材料、建筑构配件和设备按照合格签字。

未经监理工程师签字，建筑材料、建筑构配件和设备不得在工程上使用或者安装，不得进行下一道工序的施工。

第十六条 监理单位应当协助项目法人编制控制性总进度计划，审查被监理单位编制的施工组织设计和进度计划，并督促被监理单位实施。

第十七条 监理单位应当协助项目法人编制付款计划，审查被监理单位提交的资金流计划，按照合同约定核定工程量，签发付款凭证。

未经总监理工程师签字，项目法人不得支付工程款。

第十八条 监理单位应当审查被监理单位提出的安全技术措施、专项施工方案和环境保护措施是否符合工程建设强制性标准和环境保护要求，并监督实施。

监理单位在实施监理过程中，发现存在安全事故隐患的，应当要求被监理单位整改；情况严重的，应当要求被监理单位暂时停止施工，并及时报告项目法人。被监理单位拒不整改或者不停止施工的，监理单位应当及时向有关水行政主管部门或者流域管理机构报告。

第十九条 项目法人应当向监理单位提供必要的工作条件，支持监理单位独立开展监理业务，不得明示或者暗示监理单位违反法律法规和工程建设强制性标准，不得更改总监理工程师指令。

第二十条　项目法人应当按照监理合同，及时、足额支付监理单位报酬，不得无故削减或者拖延支付。

项目法人可以对监理单位提出并落实的合理化建议给予奖励。奖励标准由项目法人与监理单位协商确定。

第四章　监督管理

第二十一条　县级以上人民政府水行政主管部门和流域管理机构应当加强对水利工程建设监理活动的监督管理，对项目法人和监理单位执行国家法律法规、工程建设强制性标准以及履行监理合同的情况进行监督检查。

项目法人应当依据监理合同对监理活动进行检查。

第二十二条　县级以上人民政府水行政主管部门和流域管理机构在履行监督检查职责时，有关单位和人员应当客观、如实反映情况，提供相关材料。

县级以上人民政府水行政主管部门和流域管理机构实施监督检查时，不得妨碍监理单位和监理人员正常的监理活动，不得索取或者收受被监督检查单位和人员的财物，不得谋取其他不正当利益。

第二十三条　县级以上人民政府水行政主管部门和流域管理机构在监督检查中，发现监理单位和监理人员有违规行为的，应当责令纠正，并依法查处。

第二十四条　任何单位和个人有权对水利工程建设监理活动中的违法违规行为进行检举和控告。有关水行政主管部门和流域管理机构以及有关单位应当及时核实、处理。

第五章　罚　　则

第二十五条　项目法人将水利工程建设监理业务委托给不具有相应资质的监理单位，或者必须实行建设监理而未实行的，依照《建设工程质量管理条例》第五十四条、第五十六条处罚。

项目法人对监理单位提出不符合安全生产法律、法规和工程建设强制性标准要求的，依照《建设工程安全生产管理条例》第五十五条处罚。

第二十六条 项目法人及其工作人员收受监理单位贿赂、索取回扣或者其他不正当利益的，予以追缴，并处违法所得3倍以下且不超过3万元的罚款；构成犯罪的，依法追究有关责任人员的刑事责任。

第二十七条 监理单位有下列行为之一的，依照《建设工程质量管理条例》第六十条、第六十一条、第六十二条、第六十七条、第六十八条处罚：

（一）超越本单位资质等级许可的业务范围承揽监理业务的；

（二）未取得相应资质等级证书承揽监理业务的；

（三）以欺骗手段取得的资质等级证书承揽监理业务的；

（四）允许其他单位或者个人以本单位名义承揽监理业务的；

（五）转让监理业务的；

（六）与项目法人或者被监理单位串通，弄虚作假、降低工程质量的；

（七）将不合格的建设工程、建筑材料、建筑构配件和设备按照合格签字的；

（八）与被监理单位以及建筑材料、建筑构配件和设备供应单位有隶属关系或者其他利害关系承担该项工程建设监理业务的。

第二十八条 监理单位有下列行为之一的，责令改正，给予警告；无违法所得的，处1万元以下罚款，有违法所得的，予以追缴，处违法所得3倍以下且不超过3万元罚款；情节严重的，降低资质等级；构成犯罪的，依法追究有关责任人员的刑事责任：

（一）以串通、欺诈、胁迫、贿赂等不正当竞争手段承揽监理业务的；

（二）利用工作便利与项目法人、被监理单位以及建筑材料、建筑构配件和设备供应单位串通，谋取不正当利益的。

第二十九条 监理单位有下列行为之一的，依照《建设工程安全生产管理条例》第五十七条处罚：

（一）未对施工组织设计中的安全技术措施或者专项施工方案进行审查的；

（二）发现安全事故隐患未及时要求施工单位整改或者暂时停止施工的；

（三）施工单位拒不整改或者不停止施工，未及时向有关水行政主管部门或者流域管理机构报告的；

（四）未依照法律、法规和工程建设强制性标准实施监理的。

第三十条 监理单位有下列行为之一的，责令改正，给予警告；情节严重的，降低资质等级：

（一）聘用无相应监理人员资格的人员从事监理业务的；

（二）隐瞒有关情况、拒绝提供材料或者提供虚假材料的。

第三十一条 监理人员从事水利工程建设监理活动，有下列行为之一的，责令改正，给予警告；其中，监理工程师违规情节严重的，注销注册证书，2 年内不予注册；有违法所得的，予以追缴，并处 1 万元以下罚款；造成损失的，依法承担赔偿责任；构成犯罪的，依法追究刑事责任：

（一）利用执（从）业上的便利，索取或者收受项目法人、被监理单位以及建筑材料、建筑构配件和设备供应单位财物的；

（二）与被监理单位以及建筑材料、建筑构配件和设备供应单位串通，谋取不正当利益的；

（三）非法泄露执（从）业中应当保守的秘密的。

第三十二条 监理人员因过错造成质量事故的，责令停止执（从）业 1 年，其中，监理工程师因过错造成重大质量事故的，注销注册证书，5 年内不予注册，情节特别严重的，终身不予注册。

监理人员未执行法律、法规和工程建设强制性标准的，责令停止执（从）业3个月以上1年以下，其中，监理工程师违规情节严重的，注销注册证书，5年内不予注册，造成重大安全事故的，终身不予注册；构成犯罪的，依法追究刑事责任。

第三十三条 水行政主管部门和流域管理机构的工作人员在工程建设监理活动的监督管理中玩忽职守、滥用职权、徇私舞弊的，依法给予处分；构成犯罪的，依法追究刑事责任。

第三十四条 依法给予监理单位罚款处罚的，对单位直接负责的主管人员和其他直接责任人员处单位罚款数额5%以上、10%以下的罚款。

监理单位的工作人员因调动工作、退休等原因离开该单位后，被发现在该单位工作期间违反国家有关工程建设质量管理规定，造成重大工程质量事故的，仍应当依法追究法律责任。

第三十五条 降低监理单位资质等级、吊销监理单位资质等级证书的处罚以及注销监理工程师注册证书，由水利部决定；其他行政处罚，由有关水行政主管部门依照法定职权决定。

第六章　附　　则

第三十六条 本规定所称机电及金属结构设备制造监理是指对安装于水利工程的发电机组、水轮机组及其附属设施，以及闸门、压力钢管、拦污设备、起重设备等机电及金属结构设备生产制造过程中的质量、进度等进行的管理活动。

本规定所称水利工程建设环境保护监理是指对水利工程建设项目实施中产生的废（污）水、垃圾、废渣、废气、粉尘、噪声等采取的控制措施所进行的管理活动。

本规定所称被监理单位是指承担水利工程施工任务的单位，以及从事水利工程的机电及金属结构设备制造的单位。

第三十七条 监理单位分立、合并、改制、转让的，由继承其监理业绩的单位承担相应的监理责任。

第三十八条 有关水利工程建设监理的技术规范，由水利部另行制定。

第三十九条 本规定自 2007 年 2 月 1 日起施行。《水利工程建设监理规定》（水建管〔1999〕637 号）、《水土保持生态建设工程监理管理暂行办法》（水建管〔2003〕79 号）同时废止。

《水利工程设备制造监理规定》（水建管〔2001〕217 号）与本规定不一致的，依照本规定执行。

附录 4

国家计委关于印发《建设项目前期工作咨询收费暂行规定》的通知

计价格〔1999〕1283 号

各省、自治区、直辖市物价局（委员会）、计委（计经委），中国工程咨询协会：

为规范建设项目前期工作咨询收费行为，维护委托人和工程咨询机构的合法权益，促进工程咨询业的健康发展，我委制定了《建设项目前期工作咨询收费暂行规定》，现印发给你们，请按照执行，并将执行中遇到的问题及时反馈我委。

附：建设项目前期工作咨询收费暂行规定

国家发展计划委员会
一九九九年九月十日

附：

建设项目前期工作咨询收费暂行规定

第一条 为提高建设项目前期工作质量，促进工程咨询社会化、市场化，规范工程咨询收费行为，根据《中华人民共和国价格法》及有关法律法规，制定本规定。

第二条 本规定适用于建设项目前期工作的咨询收费，包括建设项目专题研究、编制和评估项目建议书或者可行性研究报告，以及其他与建设项目前期工作有关的咨询服务收费。

第三条 建设项目前期工作咨询服务，应遵循自愿原则，委托方自主决定选择工程咨询机构，工程咨询机构自主决定是否接受委托。

第四条 从事工程咨询的机构，必须取得相应工程咨询资格证书，具有法人资格，并依法纳税。

第五条 工程咨询机构应遵守国家法律、法规和行业行为准则，开展公平竞争，不得采取不正当手段承揽业务。

第六条 工程咨询机构提供咨询服务，应遵循客观、科学、公平、公正原则，符合国家经济技术政策、规定，符合委托方的技术、质量要求。

第七条 工程咨询机构承担编制建设项目的项目建议书、可行性研究报告、初步设计文件的，不能再参与同一建设项目的项目建议书、可行性研究报告以及工程设计文件的咨询评估业务。

第八条 工程咨询收费实行政府指导价。具体收费标准由工程咨询机构与委托方根据本规定的指导性收费标准协商确定。

第九条 工程咨询收费根据不同工程咨询项目的性质、内容，采取以下方法计取费用：

（一）按建设项目估算投资额，分档计算工程咨询费用（见附件一、附件二）。

（二）按工程咨询工作所耗工日计算工程咨询费用（见附件三）。

按照前款两种方法不便于计费的，可以参照本规定的工日费用标准由工程咨询机构与委托方议定。但参照工日计算的收费额，不得超过按估算投资额分档计费方式计算的收费额。

第十条 采取按建设项目估算投资额分档计费的，以建设项目的项目建议书或者可行性研究报告的估算投资为计费依据。使用工程咨询机构推荐方案计算的投资与原估算投资发生增减变化时，咨询收费不再调整。

第十一条 工程咨询机构在编制项目建议书或者可行性研究

报告时需要勘察、试验，评估项目建议书或者可行性研究报告时需要对勘察、试验数据进行复核，工作量明显增加需要加收费用的，可由双方另行协商加收的费用额和支付方式。

第十二条 工程咨询服务中，工程咨询机构提供自有专利、专有技术，需要另行支付费用的，国家有规定的，按规定执行；没有规定的，由双方协商费用额和支付方式。

第十三条 建设项目前期工作咨询应体现优质优价原则，优质优价的具体幅度由双方在规定的收费标准的基础上协商确定。

第十四条 工程咨询费用，由委托方与工程咨询机构依据本规定，在工程咨询合同中以专门条款确定费用数额及支付方式。

第十五条 工程咨询机构按合同收取咨询费用后，不得再要求委托方无偿提供食宿、交通等便利。

第十六条 工程咨询机构对外聘专家的付费按工日费用标准计算并支付，外聘专家，如有从业单位的，专家费用应支付给专家从业单位。

第十七条 委托方应按合同规定及时向工程咨询机构提供开展咨询业务所必须的工作条件和资料。由于委托方原因造成咨询工作量增加或延长工程咨询期限的，工程咨询机构可与委托方协商加收费用。

第十八条 工程咨询机构提交的咨询成果达不到合同规定标准的，应负责完善，委托方不另支付咨询费。

第十九条 工程咨询合同履行过程中，由于咨询机构失误造成委托方损失的，委托方可扣减或者追回部分以至全部咨询费用，对造成的直接经济损失，咨询机构应部分或全部赔偿。

第二十条 涉外工程咨询业务中有特殊要求的，工程咨询机构可与委托方参照国外有关收费办法协商确定咨询费用。

第二十一条 建设项目投资额在 3000 万元以下的和除编制、

评估项目建议书或者可行性研究报告以外的其他建设项目前期工作咨询服务的收费标准，由各省、自治区、直辖市价格主管部门会同同级计划部门制定。

第二十二条 本规定由各级价格主管部门监督执行。

第二十三条 本规定由国家发展计划委员会负责解释。

第二十四条 本规定自发布之日起执行。

附件：

一、按建设项目估算投资额分档收费标准

二、按建设项目估算投资额分档收费的调整系数

三、工程咨询人员工日费用标准

附件一：

附表一　按建设项目估算投资额分档收费标准　单位：万元

咨询评估项目	投资估算额				
	3000万～1亿元	1亿～5亿元	5亿～10亿元	10亿～50亿元	50亿元以上
一、编制项目建议书	6～14	14～37	37～55	55～100	100～125
二、编制可行性研究报告	12～28	28～75	75～110	110～200	200～250
三、评估项目建议书	4～8	8～12	12～15	15～17	17～20
四、评估可行性研究报告	5～10	10～15	15～20	20～25	25～35

注 1. 建设项目估算投资额是指项目建议书或者可行性研究报告的估算投资额。

2. 建设项目的具体收费标准，根据估算投资额在相对应的区间内用插入法计算。

3. 根据行业特点和各行业内部不同类别工程的复杂程序，计算咨询费用时可分别乘以行业调整系数和工程复杂程度调整系数（见附表二）。

附件二：

附表二　　按建设项目估算投资额分档收费的调整系数

行　　业	调整系数（以附件一表中所列收费标准为1）
一、行业调整系数	
1. 石化、化工、钢铁	1.3
2. 石油、天然气、水利、水电、交通（水运）、化纤	1.2
3. 有色、黄金、纺织、轻工、邮电、广播电视、医药、煤炭、火电（含核电）、机械（含船舶、航空、航天、兵器）	1.0
4. 林业、商业、粮食、建筑	0.8
5. 建材、交通（公路）、铁道、市政公用工程	0.7
二、工程复杂程度调整系数	0.8～1.2

注　工程复杂程度具体调整系数由工程咨询机构与委托单位根据各类工程情况协商确定。

附件三：

附表三　　工程咨询人员工日费用标准

单位：元

咨询人员职级	工日费用标准
一、高级专家	1000～1200
二、高级专业技术职称的咨询人员	800～1000
三、中级专业技术职称的咨询人员	600～800

附录 5

山东省物价局等转发国家计委《关于印发建设项目前期工作咨询收费暂行规定的通知》的通知

1999 年 12 月 29 日鲁价费发〔1999〕367 号

各市地物价局、计委：

现将国家计委《关于印发建设项目前期工作咨询收费暂行规定的通知》（计价格 1283 号）转发给你们，并提出如下意见，请一并贯彻执行。

一、建设项目前期工作咨询服务，应遵循自愿的原则，委托人自主决定选择工程咨询机构，工程咨询机构自主决定是否接受委托。

二、投资 3000 万元以下建设项目的咨询收费标准见附件二。

三、除编制、评估项目建议书或者可行性研究报告以外其他建设项目前期工作咨询服务的收费标准，国家及省有规定的按规定执行，未有规定的由咨询机构与委托人协商议定。

四、工程咨询收费实行政府指导价。按照谁委托谁付费的原则，具体收费由工程咨询机构与委托人根据本规定的指导性收费标准协商确定。

五、工程咨询机构应按规定到当地物价部门申领《收费许可证》后，方可实施收费。

附件一：

建设项目前期工作咨询收费暂行规定（略）

附件二：

附表一　按建设项目估算投资额3000万元以下分档收费标准

单位：万元

咨询评估项目	投资估算额	
	1000万元以下	1000万～3000万元
一、编制项目建议书	2～4	4～6
二、编制可行性研究报告	3～8	8～12
三、评估项目建议书	1.5～3	3～4
四、评估可行性研究报告	2～4	4～5

附录 6

国家发展改革委、建设部关于印发《水利、水电、电力建设项目前期工作工程勘察收费暂行规定》的通知

发改价格〔2006〕1352 号

国务院有关部门，各省、自治区、直辖市发展改革委、物价局、建设厅（委）：

为规范水利、水电、电力等建设项目前期工作工程勘察收费行为，根据《建设项目前期工作咨询收费暂行规定》（计价格〔1999〕1283 号）和《工程勘察设计收费管理规定》（计价格〔2002〕10 号），我们制定了《水利、水电、电力建设项目前期工作工程勘察收费暂行规定》。现印发给你们，请按照执行。

附：《水利、水电、电力建设项目前期工作工程勘察收费暂行规定》

国家发展和改革委员会

建设部

二〇〇六年七月十日

附：

水利、水电、电力建设项目前期工作工程勘察收费暂行规定

第一条 为规范水利、水电、电力等建设项目（下称“建设项目”）前期工作工程勘察收费行为，根据《建设项目前期工作咨

询收费暂行规定》（计价格〔1999〕1283号）和《工程勘察设计收费管理规定》（计价格〔2002〕10号）的规定，制定本规定。

第二条 本规定适用于总投资估算额在500万元及以上的水利工程编制项目建议书、可行性研究阶段，电力工程编制初步可行性研究、可行性研究阶段（含核电工程项目前期工作工程勘察成果综合分析），以及水电工程预可行性研究阶段的工程勘察收费。总投资估算额在500万元以下的建设项目前期工作工程勘察收费实行市场调节价。

第三条 工程勘察的发包与承包应当遵循公开、公平、自愿和诚实信用的原则。发包人依法有权自主选择勘察人，勘察人自主决定是否接受委托。

第四条 建设项目前期工作工程勘察收费是指勘察人根据发包人的委托，提供收集建设场地已有资料、现场踏勘、制订勘察纲要，进行测绘、勘探、取样、试验、测试、检测等勘察作业，以及编制项目前期工作工程勘察文件等服务收取的费用。

第五条 建设项目前期工作工程勘察收费实行政府指导价。其基准价按本规定附件计算，上浮幅度不超过20%，下浮幅度不超过30%。具体收费额由发包人与勘察人按基准价和浮动幅度协商确定。

第六条 建设项目前期工作工程勘察发生以下作业准备的，可按照相应工程勘察收费基准价的10%～20%另行收取。包括办理工程勘察相关许可，以及购买有关资料；拆除障碍物，开挖以及修复地下管线；修通至作业现场道路，接通电源、水源以及平整场地；勘察材料以及加工；勘察作业大型机具搬运；水上作业用船、排、平台以及水监等。

第七条 水利、水电工程项目前期工作可根据需要，由承担项目前期工作的单位加收前期工作工程勘察成果分析和工程方案编制费用。加收的编制费用按相应阶段水利、水电工程勘察收费基准价的 30％～40％计收。工作内容按照相应的工程技术质量标准和规程规范的规定执行。主要包括工程建设必要性论证、工程开发任务编制、初选代表性坝（厂）址、初选工程规模、建设征地和移民安置初步规划、估算工程投资以及初步经济评价等。核电工程项目前期工作工程勘察成果综合加工费（含主体勘察协调费），按计价格〔2002〕10 号文件中通用工程勘察收费基准价的 22％～25％计收。

第八条 建设项目前期工作工程勘察收费的金额以及支付方式，由发包人和勘察人在工程勘察合同中约定。勘察人提供的勘察文件，应当符合国家规定的工程技术质量标准，满足合同约定的内容、质量等要求。

第九条 因发包人原因造成工程勘察工作量增加的，勘察人可依据约定向发包人另行收取相应费用。工程勘察质量达不到规定和约定的，勘察人应当返工，由于返工增加工作量的，勘察人不得另行向发包人收取费用，发包人还可依据合同扣减其勘察费用。由于勘察人工作失误给发包人造成经济损失的，应当按照合同约定依法承担相应的责任。

第十条 勘察人提供工程勘察文件的标准份数为 4 份，发包人要求增加勘察文件份数的，由发包人另行支付印制勘察文件工本费。

第十一条 建设项目前期工作工程勘察收费应严格执行国家有关价格法律、法规和规定，违反有关规定的，由政府价格主管部门依法予以处罚。

第十二条 本规定于 2006 年 9 月 1 日起实施。此前已签订合同的，双方可根据勘察工作进展情况和本规定重新协商收费额，协商不一致的按此前双方约定执行。

附件：一、水利、水电工程建设项目前期工作工程勘察收费标准

二、电力工程建设项目前期工作工程勘察收费标准（略）

附件一：

水利、水电工程建设项目前期工作工程勘察收费标准

一、本标准适用于水利工程编项目建议书、可行性研究阶段的工程勘察收费，水电工程（含潮汐发电工程）预可行性研究阶段的工程勘察收费。

二、水利水电工程项目前期工作工程勘察收费按照下列公式计算：

水利水电工程项目前期工作相应阶段工程勘察收费基准价＝水利水电工程前期工作工程勘察收费基价×相应阶段各占前期工作工程勘察工作量比例×工程类型调整系数×工程勘察复杂程度调整系数×附加方案及其他调整系数

附表一　　水利水电工程前期工作工程勘察收费基价表

单位：万元

序号	投资估算值（计费额）	收费基价	序号	投资估算值（计费额）	收费基价
1	500	12.00	10	80000	1008.25
2	1000	22.20	11	100000	1215.10
3	3000	59.50	12	200000	2207.50
4	5000	92.70	13	400000	4002.60
5	8000	139.10	14	600000	5626.50
6	10000	168.07	15	800000	7145.80
7	20000	307.32	16	1000000	8591.20
8	40000	560.80	17	2000000	15506.20
9	60000	791.50			

注　投资估算值处于两个数值区间的，采用内插法确定工程勘察收费基价。投资估算值大于2000000万元的，收费基价增幅按投资估算额超出幅度的0.77%计算。

项目前期工作相应阶段工作勘察各占前期工作工程勘察工作量比例：

（1）水电工程预可行性研究阶段勘察工作量比例按28%计取。

（2）各类水利工程前期工作各阶段勘察工作量比例见附表二。

附表二　各类水利工程前期工作各阶段勘察工作量比例表

<table>
<tr><th colspan="2" rowspan="2">工　程　类　别</th><th colspan="2">阶　段</th></tr>
<tr><th>项目建议书阶段/%</th><th>可行性研究阶段/%</th></tr>
<tr><td colspan="2">水库工程</td><td>45</td><td>55</td></tr>
<tr><td rowspan="2">引调水工程；
灌区骨干工程
（支渠以上，下同）；
河道治理工程；
城市防护工程；
河口整治工程；
围垦工程</td><td>建筑物</td><td>38</td><td>62</td></tr>
<tr><td>渠道管线、河道堤防</td><td>43</td><td>57</td></tr>
<tr><td colspan="2">水土保持工程</td><td>40</td><td>60</td></tr>
</table>

附表三　工程类型调整系数表

<table>
<tr><th>序号</th><th colspan="2">工　程　类　别</th><th>调整系数</th></tr>
<tr><td>1</td><td colspan="2">水电工程</td><td>1.4</td></tr>
<tr><td>2</td><td colspan="2">潮汐发电工程</td><td>1.7</td></tr>
<tr><td>3</td><td colspan="2">水库工程</td><td>1.2</td></tr>
<tr><td>4</td><td colspan="2">水土保持工程</td><td>0.61</td></tr>
<tr><td rowspan="2">5</td><td rowspan="2">引调水工程
灌区骨干工程
和河道治理工程</td><td>建筑物</td><td>1.08</td></tr>
<tr><td>渠道管线、河道堤防</td><td>0.8</td></tr>
</table>

续表

序号	工程类别		调整系数
6	城市防洪工程 河口整治工程	建筑物	1.15
		其他工程	0.82
7	围垦工程	建筑物	1.03
		其他工程	0.75

工程勘察复杂程度调整系数：水库工程和水电工程，根据复杂程度赋分表确定分值（附表四），再根据工程勘察复杂程度调整系数表确定复杂程度调整系数；其他水利工程直接查复杂程度调整系数表（附表五）确定复杂程度调整系数。

附表四　水库、水电工程前期工作阶段工程勘察复杂程度赋分值表

序号	项目	赋分条件	分值
1	坝高 H /m	$H<30$	−5
		$30\leqslant H<50$	−2
		$50\leqslant H<70$	1
		$70\leqslant H<150$	3
		$150\leqslant H<250$	5
2	建筑物	一般土石坝	−1
		常规重力坝	1
		两种坝型或引水线路大于3km或抽水蓄能电站	2
		拱坝、碾压混凝土坝、混凝土面板堆石坝，新坝型	3
		大型地下洞室群	4

序号	项目	赋分条件	分值
3	岩石级别	Ⅴ级以下	−2
		Ⅵ级岩石	0
		Ⅶ级岩石	1
		Ⅷ、Ⅸ级岩石	2
		Ⅹ级及以上	3
4	地形地貌	简单	−2
		中等	1
		较复杂	2
		复杂	3
5	地层岩性	均一	−2
		较均一	1
		较复杂	2
		复杂	3

续表

序号	项目	赋分条件	分值
6	地质构造	简单	－2
		中等	1
		较复杂	2
		复杂	3
7	坝基或厂基覆盖层厚度	＜10m	－2
		10～20m	1
		20～40m	2
		40～60m	4
8	水文地质	简单	－2
		中等	1
		较复杂	2
		复杂	3

序号	项目	赋分条件	分值
9	库岸稳定	可能不稳定体＜10 万 m^3	0
		可能不稳定体 10 万～100 万 m^3	2
		可能不稳定体 100 万～500 万 m^3	3
		可能不稳定体 500 万 m^3 以上	4
10	库区渗漏	无永久性渗漏	－1
		断层或古河道渗漏	2
		单薄分水岭渗漏	3
11	水文勘察	简单	－1
		中等	1
		复杂	3

附表五　水库、水电和其他水利工程前期工作阶段勘察复杂程度调整系数表

复杂程度调整系数	0.85	1.0	1.15
水库、水电工程	赋分值之和≤－3	赋分值之和－3～10	赋分值之和≥10
引调水建筑物工程	丘陵、山区、沙漠地区建筑物投资之和占全部建筑物总投资≤30％	丘陵、山区、沙漠地区建筑物投资之和占全部建筑物总投资≤60％	丘陵、山区、沙漠地区建筑物投资之和占全部建筑物总投资＞60％
引调水渠道管线工程	丘陵、山区、沙漠地区渠道管线长度之和占总长度≤30％	丘陵、山区、沙漠地区渠道管线长度之和占总长度≤60％	丘陵、山区、沙漠地区渠道管线长度之和占总长度＞60％

续表

河道治理建筑物及河道堤防工程	堤防等级Ⅴ级	堤防等级Ⅲ、Ⅳ级	堤防等级Ⅰ、Ⅱ级
其他		水土保持工程	

附表六　水利水电工程前期工作工程勘察附加方案及其他调整系数表

序号	项　目	工作内容	调整系数
1	坝址比较	一个或一条	0.7～1
2		三个或三条	1～1.3
3	引水线路比较	两条以上（含两条）	1～1.2
4	岩溶地区	岩溶地区勘察	1～1.2
5	河床覆盖层厚度	＞60m	1～1.1
6	地震设防烈度	≥8度	1.1～1.2
7	高坝勘察	＞250m	1～1.1
8	深埋长隧洞	埋深＞1000m，长度＞8km	1～1.2
9	线路勘察	两条以上	1.05～1.5

注　1. 高程附加调整系数按计价格〔2002〕10号规定执行。

2. 附加方案调整系数为两个或两个以上的，不得连乘，应当先将各调整系数相加，然后减去附加调整系数的个数，再加上定值1，作为附加方案调整系数的取值。

3. 水库、水电等工程淹没处理区处理补偿费和施工辅助工程费列入计费额的比例，视承担工作量的大小取全额或部分费用列入计费额，具体比例由发包人和勘察人协商确定。不承担上述工作内容的不列入计费额。

附录 7

国家计委、建设部关于发布《工程勘察设计收费管理规定》的通知

计价格〔2002〕10 号

国务院各有关部门，各省、自治区、直辖市计委、物价局，建设厅：

为贯彻落实《国务院办公厅转发建设部等部门关于工程勘设计单位体制改革若干意见的通知》（国办发〔1999〕101 号），调整工程勘察设计收费标准，规范工程勘察设计收费行为，国家计委、建设部制定了《工程勘察设计收费管理规定》（以下简称《规定》），现予发布，自二〇〇二年三月一日起施行。原国家物价局、建设部颁发的《关于发布工程勘察和工程设计收费标准的通知》（〔1992〕价费字 375 号）及相关附件同时废止。

本《规定》施行前，已完成建设项目工程勘察或者工程设计合同工作量 50％以上的，勘察设计收费仍按原合同执行；已完成工程勘察或者工程设计合同工作量不足 50％的，未完成部分的勘察设计收费由发包人与勘察人、设计人参照本《规定》协商确定。

附件：工程勘察设计收费管理规定

二〇〇二年一月七日

主题词：勘察　收费　规定　通知

附件：

工程勘察设计收费管理规定

第一条 为了规范工程勘察设计收费行为，维护发包人和勘察人、设计人的合法权益，根据《中华人民共和国价格法》以及有关法律、法规，制定本规定及《工程勘察收费标准》和《工程设计收费标准》。

第二条 本规定及《工程勘察收费标准》和《工程设计收费标准》，适用于中华人民共和国境内建设项目的工程勘察和工程设计收费。

第三条 工程勘察设计的发包与承包应当遵循公开、公平、公正、自愿和诚实信用的原则。依据《中华人民共和国招标投标法》和《建设工程勘察设计管理条例》，发包人有权自主选择勘察人、设计人，勘察人、设计人自主决定是否接受委托。

第四条 发包人和勘察人、设计人应当遵守国家有关价格法律、法规的规定，维护正常的价格秩序，接受政府价格主管部门的监督、管理。

第五条 工程勘察和工程设计收费根据建设项目投资额的不同情况，分别实行政府指导价和市场调节价。建设项目总投资估算额500万元及以上的工程勘察和工程设计收费实行政府指导价；建设项目总投资估算额500万元以下的工程勘察和工程设计收费实行市场调节价。

第六条 实行政府指导价的工程勘察和工程设计收费，其基准价根据《工程勘察收费标准》或者《工程设计收费标准》计算，除本规定第七条另有规定者外，浮动幅度为上下20%。发包人和勘察人、设计人应当根据建设项目的实际情况在规定的浮动幅度内协商确定收费额。

实行市场调节价的工程勘察和工程设计收费，由发包人和勘察人、设计人协商确定收费额。

第七条 工程勘察费和工程设计费，应当体现优质优价的原则。工程勘察和工程设计收费实行政府指导价的，凡在工程勘察设计中采用新技术、新工艺、新设备、新材料，有利于提高建设项目经济效益、环境效益和社会效益的，发包人和勘察人、设计人可以在上浮 25％的幅度内协商确定收费额。

第八条 勘察人和设计人应当按照《关于商品和服务实行明码标价的规定》，告知发包人有关服务项目、服务内容、服务质量、收费依据，以及收费标准。

第九条 工程勘察费和工程设计费的金额以及支付方式，由发包人和勘察人、设计人在《工程勘察合同》或者《工程设计合同》中约定。

第十条 勘察人或者设计人提供的勘察文件或者设计文件，应当符合国家规定的工程技术质量标准，满足合同约定的内容、质量等要求。

第十一条 由于发包人原因造成工程勘察、工程设计工作量增加或者工程勘察现场停工、窝工的，发包人应当向勘察人、设计人支付相应的工程勘察费或者工程设计费。

第十二条 工程勘察或者工程设计质量达不到本规定第十条规定的，勘察人或者设计人应当返工。由于返工增加工作量的，发包人不另外支付工程勘察费或者工程设计费。由于勘察人或者设计人工作失误给发包人造成经济损失的，应当按照合同约定承担赔偿责任。

第十三条 勘察人、设计人不得欺骗发包人或者与发包人互相串通，以增加工程勘察工作量或者提高工程设计标准等方式，多收工程勘察费或者工程设计费。

第十四条 违反本规定和国家有关价格法律、法规规定的，由政府价格主管部门依据《中华人民共和国价格法》《价格违法行为行政处罚规定》予以处罚。

第十五条 本规定及所附《工程勘察收费标准》和《工程设计收费标准》，由国家发展计划委员会负责解释。

第十六条 本规定自二〇〇二年三月一日起施行。

附件：

工程勘察收费标准（摘录）

1 总则

1.0.1 工程勘察收费是指勘察人根据发包人的委托，收集已有资料、现场踏勘、制订勘察纲要，进行测绘、勘探、取样、试验、测试、检测、监测等勘察作业，以及编制工程勘察文件和岩土工程设计文件等收取的费用。

1.0.2 工程勘察收费标准分为通用工程勘察收费标准和专业工程勘察收费标准。

1 通用工程勘察收费标准适用于工程测量、岩土工程勘察、岩土工程设计与检测监测、水文地质勘察、工程水文气象勘察、工程物探、室内试验等工程勘察的收费。

2 专业工程勘察收费标准分别适用于煤炭、水利水电、电力、长输管道、铁路、公路、通信、海洋工程等工程勘察的收费。专业工程勘察中的一些项目可以执行通用工程勘察收费标准。

1.0.3 通用工程勘察收费采取实物工作量定额计费方法计算，由实物工作收费和技术工作收费两部分组成。

专业工程勘察收费方法和标准，分别在煤炭、水利水电、电力、长输管道、铁路、公路、通信、海洋工程等章节中规定。

1.0.4 通用工程勘察收费按照下列公式计算

1　工程勘察收费＝工程勘察收费基准价×(1±浮动幅度值)

2　工程勘察收费基准价＝工程勘察实物工作收费＋工程勘察技术工作收费

3　工程勘察实物工作收费＝工程勘察实物工作收费基价×实物工作量×附加调整系数

4　工程勘察技术工作收费＝工程勘察实物工作收费×技术工作收费比例

1.0.5　工程勘察收费基准价

工程勘察收费基准价是按照本收费标准计算出的工程勘察基准收费额，发包人和勘察人可以根据实际情况在规定的浮动幅度内协商确定工程勘察收费合同额。

1.0.6　工程勘察实物工作收费基价

工程勘察实物工作收费基价是完成每单位工程勘察实物工作内容的基本价格。工程勘察实物工作收费基价在相关章节的《实物工作收费基价表》中查找确定。

1.0.7　实物工作量

实物工作量由勘察人按照工程勘察规范、规程的规定和勘察作业实际情况在勘察纲要中提出，经发包人同意后，在工程勘察合同中约定。

1.0.8　附加调整系数

附加调整系数是对工程勘察的自然条件、作业内容和复杂程度差异进行调整的系数。附加调整系数分别列于总则和各章节中。附加调整系数为两个或者两个以上的，附加调整系数不能连乘。将各附加调整系数相加，减去附加调整系数的个数，加上定值1，作为附加调整系数值。

1.0.9　在气温（以当地气象台、站的气象报告为准）≥35℃或者≤—10℃条件下进行勘察作业时，气温附加调整系数为1.2。

1.0.10 在海拔高程超过 2000m 地区进行工程勘察作业时，高程附加调整系数如下：

海拔高程 2000～3000m 为 1.1

海拔高程 3001～3500m 为 1.2

海拔高程 3501～4000m 为 1.3

海拔高程 4001m 以上的，高程附加调整系数由发包人与勘察人协商确定。

1.0.11 建设项目工程勘察由两个或者两个以上勘察人承担的，其中对建设项目工程勘察合理性和整体性负责的勘察人，按照该建设项目工程勘察收费基准价的 5% 加收主体勘察协调费。

1.0.12 工程勘察收费基准价不包括以下费用：办理工程勘察相关许可，以及购买有关资料费；拆除障碍物，开挖以及修复地下管线费；修通至作业现场道路，接通电源、水源以及平整场地费；勘察材料以及加工费；水上作业用船、排、平台以及水监费；勘察作业大型机具搬运费；青苗、树木以及水域养殖物赔偿费等。

发生以上费用的，由发包人另行支付。

1.0.13 工程勘察组日、台班收费基价如下：

工程测量、岩土工程验槽、检测监测、工程物探 1000 元/组日

岩土工程勘察 1360 元/台班

水文地质勘察 1680 元/台班

1.0.14 勘察人提供工程勘察文件的标准份数为 4 份。发包人要求增加勘察文件份数的，由发包人另行支付印制勘察文件工本费。

1.0.15 本收费标准不包括本总则 1.0.1 以外的其他服务收费。其他服务收费，国家有收费规定的，按照规定执行；国家没有收费规定的，由发包人与勘察人协商确定。

10 水利水电工程勘察

10.1 说明

10.1.1 本章为水库、引调水、河道治理、灌区、水电站、潮汐发电、水土保持等工程初步设计、招标设计和施工图设计阶段的工程勘察收费。

10.1.2 单独委托的专项工程勘察、风力发电工程勘察，执行通用工程勘察收费标准。

10.1.3 水利水电工程勘察按照建设项目单项工程概算投资额分档定额计费方法计算收费，计算公式如下：

工程勘察收费＝工程勘察收费基准价×（1±浮动幅度值）

工程勘察收费基准价＝基本勘察收费＋其他勘察收费

基本勘察收费＝工程勘察收费基价×专业调整系数×工程复杂程度调整系数×附加调整系数

10.1.4 水利水电工程勘察收费的计费额、基本勘察收费、其他勘察收费及调整系数等，《工程勘察收费标准》中未做规定的，按照《工程设计收费标准》规定的原则确定。

10.1.5 水利水电工程勘察收费基价是完成水利水电工程基本勘察服务的价格。

10.1.6 水利水电工程勘察作业准备费按照工程勘察收费基准价的15％～20％计算收费。

10.2 水利水电工程各阶段工作量比例及专业调整系数

表 10.2-1　水利水电工程勘察各阶段工作量比例表

设计阶段	工程类型				
	水电、潮汐	水库	引调水、河道治理		水土保持
			建筑物	渠道管线	
初步设计/％	60	68	68	73	73
招标设计/％	10	4	4	3	3
施工图设计/％	30	28	28	24	24

表 10.2-2　　水利水电工程勘察专业调整系数表

序号	工程类别	专业调整系数
1	水电	1.40
2	水库	1.04
3	潮汐发电	1.70
4	水土保持	0.50～0.55
5	引调水和河道治理	0.80
6	灌区田间	0.30～0.40
7	城市防护、河口整治	0.84～0.92
8	围垦	0.76～0.88

10.3 水利水电工程勘察复杂程度划分

表 10.3-1　　水利水电工程勘察复杂程度赋分表

序号	项目	赋分条件	分值	序号	项目	赋分条件	分值
1	坝高 H /m	$H<30$	−5	3	岩石级别	Ⅴ级以下	−2
		$30\leqslant H<50$	−2			Ⅵ级岩石	0
		$50\leqslant H<70$	1			Ⅶ级岩石	1
		$70\leqslant H<150$	3			Ⅷ、Ⅸ级岩石	2
		$150\leqslant H<250$	5			Ⅹ级及以上	3
2	建筑物	一般土石坝	−1	4	地形地貌	简单	−2
		常规重力坝	1			中等	1
		两种坝型或引水线路大于3km或抽水蓄能电站	2			较复杂	2
						复杂	3
		拱坝、碾压混凝土坝、混凝土面板堆石坝，新坝型	3	5	地层岩性	均一	−2
						较均一	1
						较复杂	2
		大型地下洞室群	4			复杂	3

续表

序号	项目	赋分条件	分值
6	地质构造	简单	−2
		中等	1
		较复杂	2
		复杂	3
7	坝基或厂基覆盖层厚度	＜10m	−2
		10～20m	1
		20～40m	2
		40～60m	4
8	水文地质	简单	−2
		中等	1
		较复杂	2
		复杂	3
9	库岸稳定	可能不稳定体＜10万m^3	0
		可能不稳定体10万～100万m^3	2
		可能不稳定体100万～500万m^3	3
		可能不稳定体500万m^3以上	4
10	库区渗漏	无永久性渗漏	−1
		断层或古河道渗漏	2
		单薄分水岭渗漏	3
11	水文勘察	简单	−1
		中等	1
		复杂	3

表 10.3－2　　水利水电工程勘察复杂程度表

项目	Ⅰ	Ⅱ	Ⅲ
水库、水电工程	赋分值之和≤−3	赋分值之和−3～10	赋分值之和≥10
引调水建筑物工程	丘陵、山区、沙漠地区建筑物投资之和占全部建筑物总投资≤30%	丘陵、山区、沙漠地区建筑物投资之和占全部建筑物总投资≤60%	丘陵、山区、沙漠地区建筑物投资之和占全部建筑物总投资＞60%
引调水渠道管线工程	丘陵、山区、沙漠地区渠道管线长度之和占总长度≤30%	丘陵、山区、沙漠地区渠道管线长度之和占总长度≤60%	丘陵、山区、沙漠地区渠道管线长度之和占总长度＞60%

续表

项目	Ⅰ	Ⅱ	Ⅲ
河道治理建筑物及河道堤防工程	堤防等级Ⅴ级	堤防等级Ⅲ、Ⅳ级	堤防等级Ⅰ、Ⅱ级
其他		水土保持工程	

表 10.3-3　水利水电工程勘察收费附加调整系数表

序号	项　目	工作内容	附加调整系数
1	坝址或坝线比较	一个或一条	0.7
2		三个或三条	1.3
3	引水线路比较	两条以上	1.2
4	岩溶地区	岩溶地区勘察	1.2
5	河床覆盖层厚度	＞60m	1.1
6	地震设防烈度	≥8 度	1.1～1.2
7	高坝勘察	＞250m	1.1
8	深埋长隧洞	埋深＞1000m，长度＞8km	1.2
9	线路勘察	两条以上	1.05～1.5

10.4　水利水电工程勘察收费基价

表 10.4-1　水利水电工程勘察收费基价表　单位：万元

序号	计费额	收费基价	序号	计费额	收费基价
1	200	9.0	5	5000	163.9
2	500	20.9	6	8000	249.6
3	1000	38.8	7	10000	304.8
4	3000	103.8	8	20000	566.8

续表

序号	计费额	收费基价	序号	计费额	收费基价
9	40000	1054.0	14	400000	8276.7
10	60000	1515.2	15	600000	11897.5
11	80000	1960.1	16	800000	15391.4
12	100000	2393.4	17	1000000	18793.8
13	200000	4450.8	18	2000000	34948.9

注 计费额＞2000000万元的，以计费额乘以1.7%的收费率计算收费基价。

工程设计收费标准（摘录）

1 总则

1.0.1 工程设计收费是指设计人根据发包人的委托，提供编制建设项目初步设计文件、施工图设计文件、非标准设备设计文件、施工图预算文件、竣工图文件等服务所收取的费用。

1.0.2 工程设计收费采取按照建设项目单项工程概算投资额分档定额计费方法计算收费。

铁道工程设计收费计算方法，在交通运输工程一章中规定。

1.0.3 工程设计收费按照下列公式计算

1 工程设计收费＝工程设计收费基准价×(1±浮动幅度值)

2 工程设计收费基准价＝基本设计收费＋其他设计收费

3 基本设计收费＝工程设计收费基价×专业调整系数×工程复杂程度调整系数×附加调整系数

1.0.4 工程设计收费基准价

工程设计收费基准价是按照本收费标准计算出的工程设计基准收费额，发包人和设计人根据实际情况，在规定的浮动幅度内协商确定工程设计收费合同额。

1.0.5 基本设计收费

基本设计收费是指在工程设计中提供编制初步设计文件、施工图设计文件收取的费用，并相应提供设计技术交底、解决施工中的设计技术问题、参加试车考核和竣工验收等服务。

1.0.6 其他设计收费

其他设计收费是指根据工程设计实际需要或者发包人要求提供相关服务收取的费用，包括总体设计费、主体设计协调费、采用标准设计和复用设计费、非标准设备设计文件编制费、施工图预算编制费、竣工图编制费等。

1.0.7 工程设计收费基价

工程设计收费基价是完成基本服务的价格。工程设计收费基价在《工程设计收费基价表》（附表一）中查找确定，计费额处于两个数值区间的，采用直线内插法确定工程设计收费基价。

1.0.8 工程设计收费计费额

工程设计收费计费额，为经过批准的建设项目初步设计概算中的建筑安装工程费、设备与工器具购置费和联合试运转费之和。

工程中有利用原有设备的，以签订工程设计合同时同类设备的当期价格作为工程设计收费的计费额；工程中有缓配设备，但按照合同要求以既配设备进行工程设计并达到设备安装和工艺条件的，以既配设备的当期价格作为工程设计收费的计费额；工程中有引进设备的，按照购进设备的离岸价折换成人民币作为工程设计收费的计费额。

1.0.9 工程设计收费调整系数

工程设计收费标准的调整系数包括：专业调整系数、工程复杂程度调整系数和附加调整系数。

1 专业调整系数是对不同专业建设项目的工程设计复杂程度和工作量差异进行调整的系数。计算工程设计收费时，专业调整系数在《工程设计收费专业调整系数表》（附表二）中查找确定。

2　工程复杂程度调整系数是对同一专业不同建设项目的工程设计复杂程度和工作量差异进行调整的系数。工程复杂程度分为一般、较复杂和复杂三个等级，其调整系数分别为：一般（Ⅰ级）0.85；较复杂（Ⅱ级）1.0；复杂（Ⅲ级）1.15。计算工程设计收费时，工程复杂程度在相应章节的《工程复杂程度表》中查找确定。

3　附加调整系数是对专业调整系数和工程复杂程度调整系数尚不能调整的因素进行补充调整的系数。附加调整系数分别列于总则和有关章节中。附加调整系数为两个或两个以上的，附加调整系数不能连乘。将各附加调整系数相加，减去附加调整系数的个数，加上定值1，作为附加调整系数值。

1.0.10　非标准设备设计收费按照下列公式计算

非标准设备设计费＝非标准设备计费额×非标准设备设计费率

非标准设备计费额为非标准设备的初步设计概算。非标准设备设计费率在《非标准设备设计费率表》（附表三）中查找确定。

1.0.11　单独委托工艺设计、土建以及公用工程设计、初步设计、施工图设计的，按照其占基本服务设计工作量的比例计算工程设计收费。

1.0.12　改扩建和技术改造建设项目，附加调整系数为1.1～1.4。根据工程设计复杂程度确定适当的附加调整系数，计算工程设计收费。

1.0.13　初步设计之前，根据技术标准的规定或者发包人的要求，需要编制总体设计的，按照该建设项目基本设计收费的5％加收总体设计费。

1.0.14　建设项目工程设计由两个或者两个以上设计人

承担的，其中对建设项目工程设计合理性和整体性负责的设计人，按照该建设项目基本设计收费的5%加收主体设计协调费。

1.0.15 工程设计中采用标准设计或者复用设计的，按照同类新建项目基本设计收费的30%计算收费；需要重新进行基础设计的，按照同类新建项目基本设计收费的40%计算收费；需要对原设计做局部修改的，由发包人和设计人根据设计工作量协商确定工程设计收费。

1.0.16 编制工程施工图预算的，按照该建设项目基本设计收费的10%收取施工图预算编制费；编制工程竣工图的，按照该建设项目基本设计收费的8%收取竣工图编制费。

1.0.17 工程设计中采用设计人自有专利或者专有技术的，其专利和专有技术收费由发包人与设计人协商确定。

1.0.18 工程设计中的引进技术需要境内设计人配合设计的，或者需要按照境外设计程序和技术质量要求由境内设计人进行设计的，工程设计收费由发包人与设计人根据实际发生的设计工作量，参照本标准协商确定。

1.0.19 由境外设计人提供设计文件，需要境内设计人按照国家标准规范审核并签署确认意见的，按照国际对等原则或者实际发生的工作量，协商确定审核确认费。

1.0.20 设计人提供设计文件的标准份数，初步设计、总体设计分别为10份，施工图设计、非标准设备设计、施工图预算、竣工图分别为8份。发包人要求增加设计文件份数的，由发包人另行支付印制设计文件工本费。工程设计中需要购买标准设计图的，由发包人支付购图费。

1.0.21 本收费标准不包括本总则1.0.1以外的其他服务收费。其他服务收费，国家有收费规定的，按照规定执行；国家没有收费规定的，由发包人与设计人协商确定。

5 水利电力工程设计

5.1 水利电力工程范围

适用于水利、发电、送电、变电、核能工程。

5.2 水利电力工程各阶段工作量比例

表 5.2-1　　水利电力工程各阶段工作量比例表　　单位:%

工程类型		设计阶段		
		初步设计	招标设计	施工图设计
核能、送电、变电工程		40		60
火电工程		30		70
水库、水电、潮汐工程		25	20	55
风电工程		45		55
引调水工程	建构筑物	25	20	55
	渠道管线	45	20	35
河道治理工程	建构筑物	25	20	55
	河道堤防	55	10	35
灌溉田间工程		60		40
水土保持工程		70	10	20

5.3 水利电力工程复杂程度

5.3.1 电力、核能、水库工程

表 5.3-1　　电力、核能、水库工程复杂程度表

等级	工程设计条件
Ⅰ级	1. 新建 4 台以上同容量凝汽式机组发电工程，燃气轮机发电工程； 2. 电压等级 110kV 及以下的送电、变电工程； 3. 设计复杂程度赋分值之和≤－20 的水库和水电工程

续表

等级	工 程 设 计 条 件
Ⅱ级	1. 新建或扩建2～4台单机容量50MW以上凝汽式机组及50MW及以下供热机组发电工程； 2. 电压等级220kV、330kV的送电、变电工程； 3. 设计复杂程度赋分值之和为－20～20的水库和水电工程
Ⅲ级	1. 新建一台机组的发电工程，一次建设两种不同容量机组的发电工程，新建2～4台单机容量50MW以上供热机组发电工程，新能源发电工程（风电、潮汐等）； 2. 电压等级500kV送电、变电、换流站工程； 3. 核电工程、核反应堆工程； 4. 设计复杂程度赋分值之和≥20的水库和水电工程

注 1. 水电工程可行性研究与初步设计阶段合并的，设计总工作量附加调整系数为1.1。
2. 水库和水电工程计费额包括水库淹没区处理补偿费和施工辅助工程费。

5.3.2 其他水利工程

表5.3-2　　其他水利工程复杂程度表

等级	工 程 设 计 条 件
Ⅰ级	1. 丘陵、山区、沙漠地区的建筑物投资之和与建设项目中所有建筑物投资之和的比例＜30％的引调水建筑物工程； 2. 丘陵、山区、沙漠地区渠道管线长度之和与建设项目中所有渠道管线长度之和的比例＜30％的引调水渠道管线工程； 3. 堤防等级Ⅴ级的河道治理建（构）筑物及河道堤防工程； 4. 灌区田间工程； 5. 水土保持工程

续表

等级	工程设计条件
Ⅱ级	1. 丘陵、山区、沙漠地区的建筑物投资之和与建设项目中所有建筑物投资之和的比例在30%～60%的引调水建筑物工程； 2. 丘陵、山区、沙漠地区渠道管线长度之和与建设项目中所有渠道管线长度之和的比例在30%～60%的引调水渠道管线工程； 3. 堤防等级Ⅲ、Ⅳ级的河道治理建（构）筑物及河道堤防工程
Ⅲ级	1. 丘陵、山区、沙漠地区的建筑物投资之和与建设项目中所有建筑物投资之和的比例＞60%的引调水建筑物工程； 2. 丘陵、山区、沙漠地区渠道管线长度之和与建设项目中所有渠道管线长度之和的比例＞60%的引调水渠道管线工程； 3. 堤防等级Ⅰ、Ⅱ级的河道治理建（构）筑物及河道堤防工程； 4. 护岸、防波堤、围堰、人工岛、围垦工程，城镇防洪、河口整治工程

注 引调水渠道或管线、河道堤防工程附加调整系数为0.85；灌区田间工程附加调整系数为0.25；水土保持工程附加调整系数为0.7；河道治理及引调水工程建筑物、构筑物工程附加调整系数为1.3。

5.4 水库和水电工程复杂程度赋分

表5.4-1 水库和水电工程复杂程度赋分表

项目	工程设计条件	赋分值
枢纽布置方案比较	一个坝址或一条坝线方案	－10
	两个坝址或两条坝线方案	5
	三个坝址或三条坝线方案	10
建筑物	有副坝	－1
	土石坝、常规重力坝	2

续表

项　目	工程设计条件	赋分值
建筑物	有地下洞室	6
	两种坝型或两种厂型	7
	新坝型，拱坝、混凝土面板堆石坝、碾压混凝土坝	7
综合利用	防洪、发电、灌溉、供水、航运、减淤、养殖具备一项	－6
	防洪、发电、灌溉、供水、航运、减淤、养殖具备两项	1
	防洪、发电、灌溉、供水、航运、减淤、养殖具备三项	2
	防洪、发电、灌溉、供水、航运、减淤、养殖具备四项	4
	防洪、发电、灌溉、供水、航运、减淤、养殖具备五项及以上	6
环保	环保要求简单	－3
	环保要求一般	1
	环保有特殊要求	3
泥沙	少泥沙河流	－4
	多泥沙河流	5
冰凌	有冰凌问题	5
主坝坝高	坝高＜30m	－4
	坝高 30～50m	1
	坝高 51～70m	2
	坝高 71～150m	4
	坝高＞150m	6

续表

项　目	工程设计条件	赋分值
地震设防	地震设防烈度≥7度	4
基础处理	简单：地质条件好或不需进行地基处理	－4
	中等：按常规进行地基处理	1
	复杂：地质条件复杂，需进行特殊地基处理	4
下泄流量	窄河谷坝高在70m以上、下泄流量25000m^3/s以上	4
地理位置	地处深山峡谷，交通困难、远离居民点、生活物资供应困难	3

9　附表

附表一　　工程设计收费基价表　　单位：万元

序号	计费额	收费基价	序号	计费额	收费基价
1	200	9.0	10	60000	1515.2
2	500	20.9	11	80000	1960.1
3	1000	38.8	12	100000	2393.4
4	3000	103.8	13	200000	4450.8
5	5000	163.9	14	400000	8276.7
6	8000	249.6	15	600000	11897.5
7	10000	304.8	16	800000	15391.4
8	20000	566.8	17	1000000	18793.8
9	40000	1054.0	18	2000000	34948.9

注　计费额＞2000000万元的，以计费额乘以1.6%的收费率计算收费基价。

附表二　　　　　　工程设计收费专业调整系数表

工　程　类　型	专业调整系数
1. 矿山采选工程	
黑色、黄金、化学、非金属及其他矿采选工程	1.1
采煤工程，有色、铀矿采选工程	1.2
选煤及其他煤炭工程	1.3
2. 加工冶炼工程	
各类冷加工工程	1.0
船舶水工工程	1.1
各类冶炼、热加工、压力加工工程	1.2
核加工工程	1.3
3. 石油化工工程	
石油、化工、石化、化纤、医药工程	1.2
核化工工程	1.6
4. 水利电力工程	
风力发电、其他水利工程	0.8
火电工程	1.0
核电常规岛、水电、水库、送变电工程	1.2
核能工程	1.6
5. 交通运输工程	
机场场道工程	0.8
公路、城市道路工程	0.9
机场空管和助航灯光、轻轨工程	1.0
水运、地铁、桥梁、隧道工程	1.1
索道工程	1.3
6. 建筑市政工程	
邮政工艺工程	0.8
建筑、市政、电信工程	1.0
人防、园林绿化、广电工艺工程	1.1
7. 农业林业工程	
农业工程	0.9
林业工程	0.8

附表三　　　　　　　　非标准设备设计费率表

类别	非标准设备分类	费率/%
一般	技术一般的非标准设备，主要包括： 1. 单体设备类：槽、罐、池、箱、斗、架、台，常压容器、换热器、铅烟除尘、恒温油浴及无传动的简单装置； 2. 室类：红外线干燥室、热风循环干燥室、浸漆干燥室、套管干燥室、极板干燥室、隧道式干燥室、蒸汽硬化室、油漆干燥室、木材干燥室	10～13
较复杂	技术较复杂的非标准设备，主要包括： 1. 室类：喷砂室、静电喷漆室； 2. 窑类：隧道窑、倒焰窑、抽屉窑、蒸笼窑、辊道窑； 3. 炉类：冷、热风冲天炉、加热炉、反射炉、退火炉、淬火炉、煅烧炉、坩锅炉、氢气炉、石墨化炉、室式加热炉、砂芯烘干炉、干燥炉、亚胺化炉、还氧铅炉、真空热处理炉、气氛炉、空气循环炉、电炉； 4. 塔器类：Ⅰ、Ⅱ类压力容器、换热器、通信铁塔； 5. 自动控制类：屏、柜、台、箱等电控、仪控设备，电力拖动、热工调节设备； 6. 通用类：余热利用、精铸、热工、除渣、喷煤、喷粉设备、压力加工、钣材、型材加工设备，喷丸强化机、清洗机； 7. 水工类：浮船坞、坞门、闸门、船舶下水设备、升船机设备； 8. 试验类：航空发动机试车台、中小型模拟试验设备	13～16

续表

类别	非标准设备分类	费率/%
复杂	技术复杂的非标准设备，主要包括： 1. 室类：屏蔽室、屏蔽暗室； 2. 窑类：熔窑、成型窑、退火窑、回转窑； 3. 炉类：闪速炉、专用电炉、单晶炉、多晶炉、沸腾炉、反应炉、裂解炉、大型复杂的热处理炉、炉外真空精炼设备； 4. 塔器类：Ⅲ类压力容器、反应釜、真空罐、发酵罐、喷雾干燥塔、低温冷冻、高温高压设备、核承压设备及容器、广播电视塔桅杆、天馈线设备； 5. 通用类：组合机床、数控机床、精密机床、专用机床、特种起重机、特种升降机、高货位立体仓储设备、胶接固化装置、电镀设备，自动、半自动生产线； 6. 环保类：环境污染防治、消烟除尘、回收装置； 7. 试验类：大型模拟试验设备、风洞高空台、模拟环境试验设备	16～20

注 1. 新研制并首次投入工业化生产的非标准设备，乘以1.3的调整系数计算收费。

2. 多台（套）相同的非标准设备，自第二台（套）起乘以0.3的调整系数计算收费。

总责任编辑：韩月平
本册责任编辑：刘　洋

山东省水利水电建筑工程预算定额（上册）

山东省水利水电建筑工程预算定额（下册）

山东省水利水电设备安装工程预算定额

山东省水利水电工程施工机械台班费定额

山东省水利水电工程设计概（估）算编制办法

微信号：Waterpub-Pro

ISBN 978-7-5226-1433-5

销售分类：水利水电

定价：58.00 元

江湖淤泥固化处理操作技术指导手册

主编　赖佑贤　闫晓满

中国水利水电出版社
www.waterpub.com.cn